新人IT担当者のための

ネットワーク管理&運用がわかる本

程田和義

Network management Basic Guidebook

技術評論社

はじめに

　中小企業などでは1人で何役も担当する業務スタイルが多い中、ネットワーク管理者も同様に、さまざまな業務と兼任で担当するケースが多くあります。従業員の退職や異動などにより、急にネットワーク管理者の担当になると、わからないことがたくさん出てくることでしょう。ネットワークはどうつながっているか、しくみはどうなっているか、トラブル対応はどうしたらよいかなど、今まで「ネットワークを使う側」にあったときは意識していなかった知識、スキルがたくさん必要になります。

　そのようなときには、本書を読み、体系的な知識を得ておくとよいでしょう。できるだけ、入門者でも理解できるような平易な文章と図で説明しました。きっとお役に立つと思います。一度読んでわからない場合は、二度、三度読み直しましょう。とくに周辺機器の追加が必要なときや、実際にトラブルに対応したあとなどに読み直すと、身につきやすいと思います。

　ネットワークの技術は、日進月歩で進化し、常に新しい技術や製品が発表されています。最新の技術や製品を使うことで、仕事の効率性や生産性が向上するだけではなく、さまざまなメリットが生まれます。企業活動に必要不可欠なネットワークの技術を理解し、仕事に役立てるためには、常に学ぶ姿勢が大切です。

　とくにクラウドやセキュリティなどは、どのオフィスでも必要になる情報を、最新の話題を盛り込んでわかりやすく説明しています。

　また、ネットワークのメンテナンスやトラブル対応についても詳しく説明しています。日々の業務でネットワーク障害などが発生した際、本書を参考に対応すれば、解決することも多いはずです。

　さらに、企業の業績が拡大すると、社内ネットワークも拡張しなければなりません。そのときに、本書を読みながら何が必要かを考え、社内ネットワークの拡張の計画を立て、実施できるようになることも目標に説明しています。

　いつでも、皆さんの傍らに置いてもらえる書として、また新しいネットワーク管理者にも引き継いでもらえる書として、長く愛用していただければ光栄です。

程田和義

第**3**章　サーバーの基本を知ろう 69

第**4**章　ネットワークをメンテナンスしよう 101

第6章 ネットワークを拡張しよう・機器を追加しよう ... 157

第7章 クラウドの利用を検討しよう 187

第8章 セキュリティ対策をしよう 205

第 1 章

ネットワークの
基本を知ろう

01 ネットワークって何だろう?

「ネットワーク」や「LAN」と呼ばれるものがどのようなしくみなのか、ネットワークにはどのような種類があり、企業にとってどのような役割があるのかなど、ネットワークの概要をつかんでおきましょう。

● ネットワークとは

　会社では、社内の関係者や社外のお客様とメールで連絡をとったり、データを共有したりすることがあります。また、プリンターで書類を印刷したり、スキャナーで画像を取り込んだりすることもあるでしょう。このような作業が可能になるのは、各機器が「ネットワーク」で接続されているからです。

　ネットワークとは、パソコンや周辺機器をケーブルなどでつなぎ、お互いにデータを送ったり受けたりできるようにしたしくみのことです。たとえば、パソコンがネットワークを介してプリンターに接続されていれば、書類などのデータをパソコンからプリンターに送って印刷できます。また、複数のパソコンがネットワークに接続されていれば、社員どうしでファイルを共有することも可能です。このように、用途によってネットワークのしくみを工夫することで、パソコンや周辺機器を有効に活用できるようになり、仕事の効率も上がります。

■ シンプルなネットワークの例

パソコンや周辺機器をネットワークにつなげ、データを送ったり受けたりできるようにしたしくみ

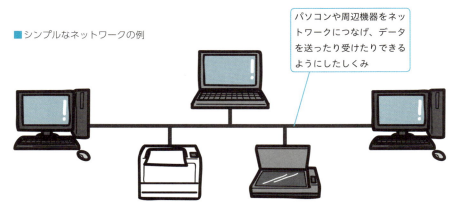

● ネットワークの種類

　ネットワークは、その規模と接続方法によって、いくつかの種類があります。ネットワークの規模では、たとえば社内のような限られた範囲のパソコンや周辺機器などを接続したネットワークを「ローカルネットワーク」または「LAN（Local Area Network)」といいます。LANは接続方法によって2つの種類があり、ケーブルでつなぐ場合が「有線LAN」、電波でつなぐ場合が「無線LAN」です。

　LANに対し、別のビルのオフィスのような遠隔地のパソコンや周辺機器、あるいはネットワークどうしなどを接続したネットワークを「WAN（Wide Area Network)」といいます。

　また、会社では「インターネット」を使ってWebサイトを閲覧することもあるでしょう。インターネットもネットワークの1つで、世界中のネットワークを相互に接続した、地球規模のネットワークなのです。

● ネットワークは企業の財産

　パソコンがネットワークに接続されることで、パソコンどうしでデータをやり取りすることができ、プリンターから印刷もできるようになります。このため、誰でも手軽にネットワークが使えるように、常にネットワークを整備しておくことが大切です。つまり、企業にとってネットワークは重要な資産なのです。

まとめ

- ネットワークはパソコンなどでデータをやり取りするしくみ
- 範囲によって、社内のLAN、遠隔地のWANがある
- ネットワークを整備すれば、仕事の効率が上がる

02 ネットワークに使う機器の役割を理解しよう

ネットワークに接続するためには、さまざまな「ネットワーク機器」が必要です。また、接続するときには「通信規格」や「接続手順」に従わなければなりません。ここでは、ネットワーク機器や通信規格、接続手順について解説します。

● ネットワークとプロトコル

　社内ネットワークと社外のインターネットは、どちらも「通信規格」と「接続手順」を使って相互に接続し、データのやり取りをします。その通信規格や接続手順に従ってネットワーク機器を設定すると、パソコンから社内ネットワークや社外のインターネットを利用できるようになります。

　このような、あらかじめ決められたネットワークの規格や手順を「プロトコル」といいます。たとえば、人が会話をするときには、英語や日本語など、国や地域ごとの言語があります。同じように、プロトコルにもさまざまな種類があります。

　インターネットに使われているのは「TCP（Transmission Control Protocol）」と「IP（Internet Protocol）」を組み合わせた「TCP/IP」というプロトコルです。 TCPはデータ転送を行うプロトコルで、IPは複数のネットワークを接続するプロトコルです。TCP/IPを使うことで、社内のパソコンからインターネットへ接続できます。

■階層の概念図

送受信

第７層	⟷	第７層
第６層	⟷	第６層
第５層	⟷	第５層
第４層	⟷	第４層
第３層	⟷	第３層
第２層	⟷	第２層
第１層	⟷	第１層

同じレイヤーを使う

パソコンどうしがプロトコルを使ってデータをやり取りするときは、データの種類ごとにやり取りする階層を分けてデータを送受信します。そうすることで、たとえばメールデータなのか印刷データなのかが、やり取りしている階層によって判別できます。各データをどの階層で送受信するかを指定するものが「ポート」です。パソコンに搭載されている、LANやUSBなどのインターフェース（コネクタ）をポートと呼ぶこともありますが、それとは別のものです。

● ルーターとハブの役割

通信・ネットワーク機器のうち、「ルーター」と「ハブ」は、とくに重要な役割があります。

ルーター

社内のパソコンからインターネットを経由して外部のパソコンに接続するためには、社内のパソコンからインターネット上にデータを送信し、外部のパソコンでそのデータを受信する必要があります。このとき、社内ネットワークと社外のインターネットを中継する通信機器が「ルーター」です。ルーターには、外部の不特定多数のパソコンから無断で社内ネットワークに侵入されるのを防ぎ、ネットワークの安全性を保つための機能が組み込まれています。

小規模のネットワークでは、主に光ファイバー通信回線を使い、インターネット接続業者（プロバイダー）を介してインターネットに接続します。そ

■ブロードバンドルーターの接続

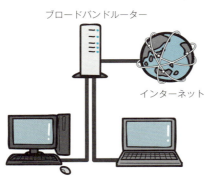

ブロードバンドルーター
インターネット

■ハブを使った接続

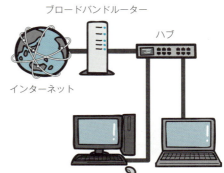

ブロードバンドルーター
ハブ
インターネット

の際、インターネットへの接続には「ブロードバンドルーター」を使うと便利です。ブロードバンドルーターには、インターネットへの接続のためのプログラムが組み込まれており、複数のパソコンが安全にインターネットを使えるようにする機能が備わっています。

ハブ

パソコンや周辺機器をネットワークに接続するために、LANケーブルを集約する機器が「ハブ」です。このハブを通して、LANケーブルで接続されているパソコンや周辺機器にデータを送ったり受けたりできます。ハブに接続できるパソコンの数は、3台から24台までの種類があります。

● ネットワークに接続する周辺機器

ネットワークに接続して利用する周辺機器には、主に次のようなものがあります。

ネットワークに接続する周辺機器

□ プリンター　　　□ スキャナー
□ 複合機（コピー、FAX、スキャナー内蔵のプリンター）
□ ハードディスク（HDD）
□ プロジェクター

■ パソコンをネットワークに接続する

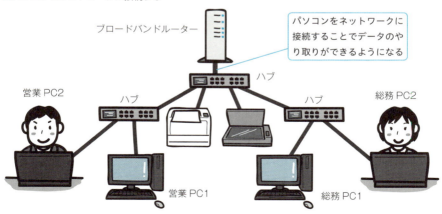

ブロードバンドルーター

パソコンをネットワークに接続することでデータのやり取りができるようになる

営業 PC2　　ハブ　　ハブ　　総務 PC2

営業 PC1　　総務 PC1

　HDDは、パソコンに内蔵されているものではなく、外付けのHDDを共有の設定にすると、ネットワーク上のほかのパソコンからも利用できます。LANケーブルなどで直接ネットワークに接続できるHDDを「NAS（Network Attached Storage）」といいます。

　パソコンに接続されているHDDもネットワーク上で共有できますが、常にパソコンを起動しておく必要があり、パソコンに負荷がかかって処理が遅くなるなどのデメリットがあります。その点、NASはパソコンに依存しないネットワーク専用の機器なので、同時にデータを書き込んでも処理が速く、導入も容易です。また、自動バックアップなどの機能も備わっています。

● パソコンや周辺機器のネットワークへの接続

　ハブでパソコンや周辺機器を接続することで、社内ネットワークが使えるようになります。また、ハブとルーターを接続すれば、パソコンからハブとルーターを経由してインターネットに接続することもできます。ネットワークを使うための、さまざまな機器の接続方法について知っておきましょう。

パソコンをネットワークに接続する方法

　デスクトップパソコンやノートパソコンには、LANポート（LANケーブルを差し込む端子）が備わっています。ここにLANケーブルを差し、ほかのパソコンや周辺機器と接続するのが有線LANです。

　無線LANで接続する場合、多くのデスクトップパソコンは、電波を送受信するための「無線LAN子機」を取り付ける必要があります。これはUSBで接続するタイプが一般的です。ノートパソコンには、無線LAN子機が標準で搭載されています。デスクトップパソコンの中にも、無線LAN子機が搭載されている製品があります。

　最新のWindowsには、LANケーブルでパソコンとハブを接続すれば、自動的にネットワークに接続する機能があります。ネットワークに接続されると、Windowsの機能により、パソコンがネットワーク上で自動的に認識されます。その後、「ネットワーク上のどのパソコンのどのデータを共有するか」などのさまざまな運用ルールを設定します。タブレット端末はノートパソコンと似ていますが、LAN端子がないので無線LANで接続します。

周辺機器をネットワークに接続する方法

　プリンターやスキャナー、HDDなどの周辺機器は、ネットワークに接続して利用できます。その場合、個別のパソコンに接続して共有する方法と、直接ネットワークに接続する方法があります。

【個別のパソコンに接続して共有する】

　この方法は、周辺機器を接続したホスト役のパソコンを介して周辺機器と接続するため、そのパソコンの管理が必要になります。周辺機器を使いたいときは、ホスト役のパソコンを常に起動しておかなければなりません。また、周辺機器の利用中にトラブルが発生すると、ホスト役のパソコンの再起動が必要になる場合もあります。さらに、複数のデータを印刷する場合は、ホスト役のパソコンに印刷データが集中するため負荷が大きくなります。

【直接ネットワークに接続する】

　この方法は、周辺機器がネットワーク上で単独で機能します。プリンターの場合、パソコンは印刷データを送信するだけになり、プリンターは各パソコンから印刷データを受信して印刷します。パソコンが印刷データを管理するのではなく、プリンターが管理することになります。特定のパソコンに負荷がかかることがなく、プリンターにトラブルが発生した場合でも、プリンターを保守するだけで復旧できます。

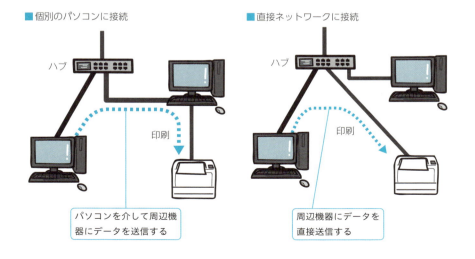

■ 個別のパソコンに接続

ハブ

印刷

パソコンを介して周辺機器にデータを送信する

■ 直接ネットワークに接続

ハブ

印刷

周辺機器にデータを直接送信する

　プリンターと同様、HDDも個別のパソコンに接続して共有する方法と、直接ネットワークに接続する方法があります。個別のパソコンに接続して共有すると、ホスト役のパソコンを常に起動しておく必要があり、負荷が大きくなります。一方、直接ネットワークに接続すると、複数のパソコンからデータの読み書きができ、処理が速くなります。また、複数台のHDDを準備して共有できる、バックアップしやすいといったメリットもあります。

■ネットワークでHDDを利用する

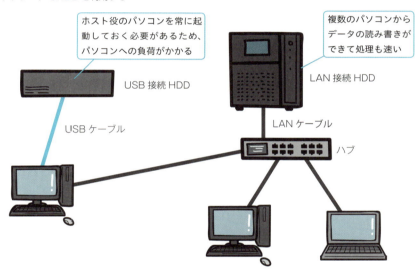

ホスト役のパソコンを常に起動しておく必要があるため、パソコンへの負荷がかかる

USB接続HDD

USBケーブル

複数のパソコンからデータの読み書きができて処理も速い

LAN接続HDD

LANケーブル

ハブ

まとめ

● ネットワークに接続するにはさまざまなネットワーク機器が必要
● 各機器の役割としくみを知れば、トラブル対応や保守ができる
● 各機器の特徴を知れば、効率的なネットワーク構築に役立つ

03 サーバーの役割を理解しよう

ネットワーク経由でソフトウェアを使ったり、データを共有したりするために、まず「サーバー」の役割やしくみを理解しておきましょう。サーバーにはさまざまな種類があり、サーバーの要件を満たした機器を使うことが大切です。

● ネットワーク上でのサーバーの役割

　ネットワークを活用すると、共有パソコンのソフトウェアを使って作業を行ったり、共有データを読み書きしたりできるようになります。このように、複数のパソコンからの要求に応じて、何らかの処理（サービス）を提供するコンピューターやソフトウェアのことを「サーバー」といいます。

　サーバーを使うと、複数のパソコンから要求されたさまざまなサービスを、個別のパソコンに負荷がかかることなく、スムーズに提供できます。また、ネットワーク上のサーバーにアクセスするだけで、共有のデータなどを利用できます。

■サーバーのイメージ

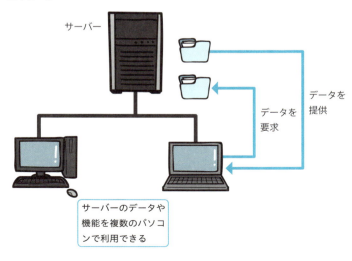

サーバー

データを提供

データを要求

サーバーのデータや機能を複数のパソコンで利用できる

　たとえば、メールを利用するときには、メールを送受信するための機能を備えたサーバー（メールサーバー）が必要です。メールサーバーとデータをやり取りすることで、パソコンでメールを送受信できるようになります。

● サーバーとしての要件

　サーバーには、連続運用に耐えられる電力供給や、廃熱・静音などの対策が必要です。また、サーバーは業務の中核を担うコンピューターであり、ネットワークに接続されているパソコンからのアクセスが集中します。そのようなときでもスムーズに処理できるように、サーバーには以下のような機能や性能が求められます。

サーバーに求められる機能・要件

□ 複数のパソコンからの同時アクセスに対応できる
□ データ処理のパフォーマンスがよい
□ 24時間365日の連続運用が可能である
□ ユーザーの管理やアクセスの記録ができる
□ 保守が容易で、将来の変更や拡張に対応できる
□ 高度なセキュリティ性を維持できる
□ データをバックアップできる

● サーバーの種類と機能

　サーバーにはさまざまな種類があります。たとえば、ファイルを共有するためのファイルサーバー、ファイルを送受信するためのFTPサーバー、印刷データを管理するためのプリントサーバー、データをバックアップするためのバックアップサーバー、業務ごとの運用ソフトを管理する業務システムのサーバーなどは、社内に設置するのが一般的です。

　また、メールの送受信やそのメールデータを管理するためのメールサーバー、会社のWebサイトを管理するためのWebサーバー、社員の情報共有に活用されるグループウェアサーバーなどは、いつでもどこでもアクセスできるように、社外のデータセンターやプロバイダーの環境に設置する場合がほとんどです。

小規模の事業者では、パソコンのデータをネットワーク上で管理する事例が増えてきています。その際、個人情報を取り扱う事業者や、インターネットに接続する機会の多い企業などでは、セキュリティ強化のために認証サーバーを使うこともあります。これは、ネットワーク上の別のパソコンへ接続したり、周辺機器を利用したりするときに必要な権限を管理するサーバーです。

パソコンのデータをバックアップするために、バックアップサーバーを使うこともありますが、大量のデータを転送するとネットワークが遅くなり、業務に支障が出る可能性があります。これを回避するには、夜間などの業務時間外に自動でバックアップを行う設定にする、外付けHDDとバックアップソフトを使うなどの方法があります。

■ サーバーの種類と機能

種　類	機　能	設置場所
メールサーバー	メールの送受信とメールデータの管理	社外
Webサーバー	Webサイトの更新やアクセス解析	社外
グループウェアサーバー	社内の情報共有	社外
ファイルサーバー	データの共有	社外・社内
FTPサーバー	ファイルの送受信	社外・社内
プリントサーバー	印刷データのやり取り	社内
バックアップサーバー	データのバックアップや検索	社内
業務システムのサーバー	業務ソフトの運用	社内

用語解説

◉ FTP

File Transfer Protocolの略。ネットワーク経由でファイル転送する通信プロトコルの1つ。インターネット初期から存在する古いプロトコル。

■ サーバーの種類と設置方法

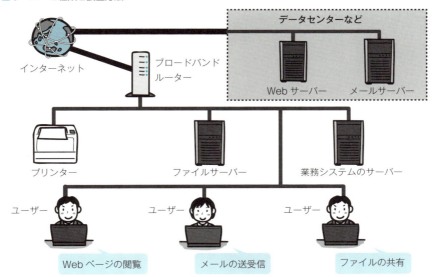

実際に使われているサーバーは、これ以外にもたくさんの種類があります。なお、社内でサーバーの運用・管理を行うためには、サーバーのハードウェアやソフトウェア、ネットワークなどに関する知識のある人材が必要になるため、一括して外部業者に委託することもあります。

まとめ

- サーバーはネットワーク経由でサービスを提供する
- 機能に応じてさまざまな種類のサーバーがある
- サーバーの設置場所は社内や社外、インターネット上などがある

04 インターネットとLANの 関係を理解しよう

社内ネットワークからインターネットに接続するしくみを理解しましょう。インターネットに接続するためには、IPアドレスとルーターによる経路の制御が必要です。社内ネットワーク設定の基本も押さえておきましょう。

● 社内ネットワークからインターネットへの接続

　社内ネットワークには、複数のパソコンやサーバー、周辺機器などが接続されています。この社内ネットワークから、ルーターを中継してプロバイダー経由で社外のネットワークに接続され、メールサーバーやWebサーバーに接続されると、メールの送受信やWebページの閲覧ができるようになります。このようにして、社内ネットワークからインターネットに接続しています。

■ インターネットのイメージ

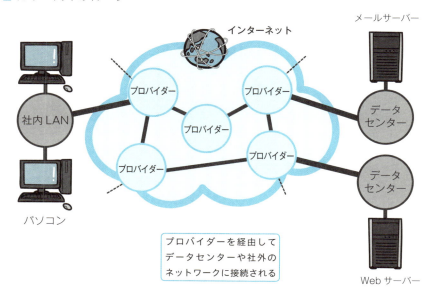

● IPアドレスの役割

インターネットは、小さなネットワークが網の目のようにつながっているネットワークの集合体です。送受信されるデータは、いくつかのネットワークを経由して目的地へとたどり着きます。その経路も複数あり、もし通過できない経路があっても迂回して到達するしくみになっています。

データが目的地へとたどり着くためには、目的地の住所が必要です。ネットワークではその住所として「IPアドレス」を使います。パソコンや通信機器にIPアドレスを設定することで、データは目的地に到達できるようになります。そして、データが確実に目的地にたどり着くように、IPアドレスは全世界で重複しない（ユニークな）ものが割り当てられ、後述する管理組織によって管理されています。

「IP」は「Internet Protocol」の略で、IPアドレスはネットワーク上の機器を識別する番号のことです。現在普及しているIPv4では、「123.109.135.201」のように、0から255までの4つの数値をピリオドで区切って並べます。1つの区切りは8ビットで、それが4つあるので、8×4＝32ビットの数値で表現されます。

なお、8ビットの表現では約42億個のIPアドレスしか供給できず、枯渇が問題になっています。このため、次世代のIPv6や128ビットのIPアドレスも使えるようになりつつあります。

■IPアドレスの役割

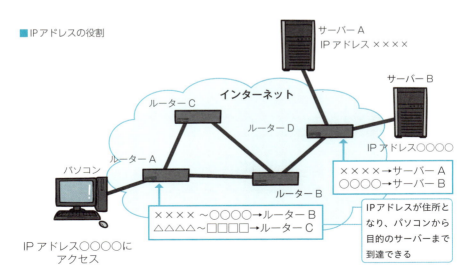

ICANN	Internet Corporation for Assigned Names and Numbers（アイキャン）の略。IANAの上部組織として1998年に設立された非営利法人。
IANA	Internet Assigned Number Authority（アイアナ）の略。インターネットのIPアドレスやドメイン名などの管理を行う組織の名称だったが、ICANNの設立により管理はICANNに移行され、IANAはICANNの機能の名称となっている。
JPNIC	Japan Network Information Center（日本ネットワークインフォメーションセンター）の略。ICANNの下部組織として、日本でのIPアドレスやドメイン名の管理を行っている。

● ルーターによる経路の制御

　データが目的地へとたどり着くために、どの経路をたどるかを判断し、データを転送する通信機器が「ルーター」です。インターネット上にはたくさんのルーターがあり、隣接するルーターのどれに転送すればよいかを、IPアドレスをもとに判断して、データを転送します。

　送信するデータは「パケット」という小包のようなまとまりになり、その送信先として住所に相当するIPアドレスが指定され、世界中のルーターを経由して送信先のパソコンに届きます。ルーターは、IPアドレスと経路情報を管理しており、その情報にもとづいて送信先を判断します。

　たとえば、ルーターAにパケットが届くと、ルーターAはIPアドレスと経路情報から送信先を判断し、ルーターCへ送信します。同様に、ルーターCからルーターDへ送信され、送信先のパソコンまでパケットが届くというしくみです。

■ルーターが経路を制御

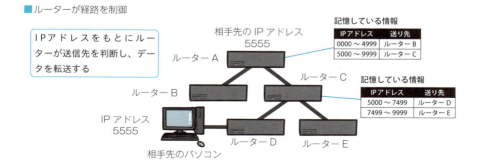

● 社内ネットワークとインターネットの関係

　インターネット上にあるルーターやサーバーには、世界で唯一のIPアドレスである「グローバルIPアドレス」が設定されています。グローバルIPアドレスは、前述の管理組織が割り当てたものであり、社内で勝手に割り当てることができません。このグローバルIPアドレスとは別に、社内ネットワークで自由に割り当てて使えるIPアドレスを「プライベートIPアドレス」といいます。WANでもプライベートIPアドレスを使います。

　社内で使えるプライベートIPアドレスは、「192.168.0.0」から「192.168.255.255」までの範囲で割り当て、アドレス数は65,536個が上限です。

　たとえば、社内のパソコンからインターネットに接続する場合、まずプライベートIPアドレスで社内のルーターに接続したあと、ルーター内でIPアドレスをグローバルIPアドレスに変換します。これにより、インターネット上で唯一の送信先にパケットが届けられます。また、受信時も同様に、社内のルーターでグローバルIPアドレスをプライベートIPアドレスに変換することで、パソコンからインターネットを利用できます。

■社内ネットワークとインターネットの関係

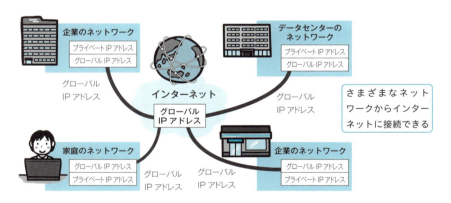

まとめ
- インターネットはIPアドレスによって通信ができる
- ルーターによる経路の制御でデータが送受信される
- 社内ネットワークで使うIPアドレスを理解し、正しく設定する

VPNやクラウドについて知っておこう

遠隔地にあるオフィス間をネットワークでつなげるには、「VPN」で接続する方法があります。また、インターネット上のサーバーを利用した「クラウド」も活用できます。ここではそれらのしくみやメリットを解説します。

● VPNとは

　遠隔地のオフィス間をネットワークで接続するには、専用のデータ通信回線で接続する方法と、インターネット経由で接続する方法があります。コストの安さや運用のしやすさを考えるとインターネット経由が便利ですが、さまざまなコンピューターを経由するため、セキュリティ上の難点があります。その難点を解消するために、あたかも安全な専用回線のように遠隔地の拠点と通信が行える技術として、「VPN（Virtual Private Network）」があります。一般に、インターネットを利用し、遠隔地にある拠点間を専用回線のように接続する技術を「インターネットVPN」といいます。

■専用回線とインターネット経由のVPN

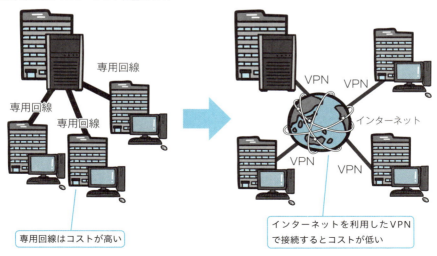

専用回線

専用回線

専用回線

VPN　VPN

インターネット

VPN　VPN

専用回線はコストが高い

インターネットを利用したVPNで接続するとコストが低い

● VPNのしくみとメリット

　ネットワークの安全性を維持するには、のぞき見や改ざんなどの不正アクセスを防ぐ技術が必要です。VPNで接続すると、遠隔地にある拠点間をトンネルのような仮想的な専用回線で結ぶことができます。この技術を「トンネリング」といいます。また、郵便小包のようにデータの構造を密閉して無断で操作できないようにし（カプセル化）、さらに暗号化して読み取れないようにします。

　VPNで接続するには、互いのネットワークにVPN対応のルーター（VPNルーター）を設置する必要があります。VPNルーターの設定が完了すると、それぞれのネットワークが結合され、1つのネットワークとして利用できるようになります。これにより、遠隔地にあるオフィス間でデータを共有したり、周辺機器を使ったりすることが可能になります。

　VPNはインターネット経由で接続するため、どこでも接続でき、外出先のパソコンからも接続可能です。

■ VPN接続のしくみ

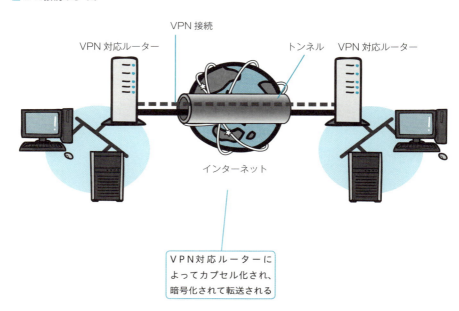

VPN対応ルーターによってカプセル化され、暗号化されて転送される

● クラウドとは

「クラウド」は、プロバイダーが提供するインターネット上のサーバーにデータやソフトウェアなどを置くことで、それらをいつでもどこでも利用できるようにしたサービスの総称です。クラウドの名称は、インターネットを表現するときに使う雲（クラウド）に由来します。

■クラウドの概念

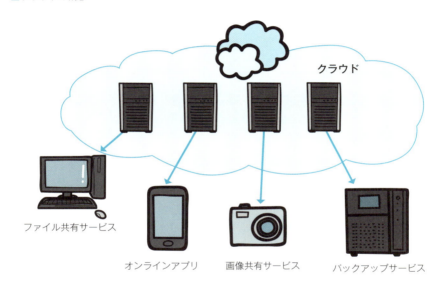

ファイル共有サービス
オンラインアプリ
画像共有サービス
バックアップサービス

雲（クラウド）からサービスを
利用でき、雲の中は見えない

　クラウドを利用すると、データやソフトウェアなどの共有が容易になります。また、社内のやり取りだけではなく、取引先とのやり取りにもクラウドを活用でき、大容量のデータでも手軽に受け渡しができます。このような利用を可能とするために、まるでサーバーが複数台あるかのような環境を仮想的に作り（仮想化）、データセンターに大規模なサーバー環境を構築して、インターネット経由でアクセスできるようにしていますが、ユーザーはサーバーの存在を意識することなく利用できます。

● クラウドの効率的な使い方

　企業で利用されているクラウドサービスには、事務処理の分野では、メールや文書作成、グループウェア、ファイル共有などがあります。経営管理の分野では、財務・会計や販売・顧客管理などの業務向けのアプリケーションも使われています。

　日常的に使うメールや文書作成、ファイル共有などのサービスは、機能が制限された無料のサービスもありますが、特定の機能を使いたい場合や、利用の範囲を広げたい場合は、有料のサービスを利用します。グループウェアや業務向けのアプリケーションは有料であることが多く、社内で使っているソフトウェアと似た機能をサポートしています。

　業務向けのアプリケーションなどは、企業の規模によってユーザー数が異なるので、利用量に応じた従量制のサービスが多く使われています。

　また、クラウド上のサーバーを利用するためには、あらかじめサーバーの仕様や運用環境を設定しますが、あとからでも変更できます。このしくみを利用すると、会社の繁忙期にはユーザー数やアクセス数などが増えても問題ないように、コストをかけて利用量に余裕を持たせておき、繁忙期が過ぎたら元に戻すといった使い方も可能です。繁忙期と閑散期で設定を変更することで、クラウドサービスを効率よく利用し、運用コストを抑えることができます。

まとめ
- VPNを使うと遠隔地のオフィスでも安全に接続できる
- 使いたいときに必要なデータや機能を使えるのがクラウドの利点
- クラウドのしくみを理解し、社内ネットワークに組み込む

06 ネットワークの状態を把握しよう

既存のネットワークの状況を把握し、「社内LAN構成図」を作成しましょう。また、ユーザーにヒアリングを行い、ネットワークの用途や要望を整理しておきます。さらに、調査結果からネットワークに必要な要件を検討しましょう。

● ネットワークの状況の把握

　新たにネットワークを構築したり、既存のネットワークを見直したりする前に、まずは現状を把握しましょう。ネットワークの現状を把握するには、パソコンや周辺機器の配置や、LANケーブルの配線などの見取り図である「社内LAN構成図」（110ページ参照）を作成します。遠隔地のオフィスなどがある場合は、これも社内LAN構成図に書き込みます。

　社内LAN構成図には、パソコンとIPアドレス、サーバー、周辺機器、ハブ、無線LAN親機、ルーターなどの外部と接続するネットワーク機器を書き込みます。まず、自分のパソコンからLANケーブルを経由し、ハブまでをつないだ図を描きます。ほかのパソコンや周辺機器も同様に加えていき、社内ネッ

■社内LAN構成図のイメージ

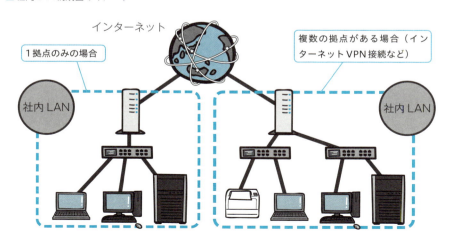

トワークの全体像を作図します。PowerPointなどのソフトウェアを使って作図すると、さまざまなアイコンを活用できるので便利です。

　社内ネットワークに接続されているネットワーク機器、パソコン、サーバー、周辺機器などを実際に確認して構成図を作成します。ネットワークの構成状況を把握しながら、建物の構造や電気の配線、通信機器の配線なども見ておき、必要であれば写真やメモで記録します。その際に、パソコンのOSの種類やバージョン、ライセンス形態、ハードウェアの構成なども確認しておくと、今後の資産管理に役立ちます。

　資産管理はExcelを活用しましょう。インターネット上には、ライセンスの調査票や管理台帳などのExcelテンプレートが公開されており、ダウンロードして使うことができます。

● ユーザーへのヒアリング調査

　ユーザーがどのようなソフトウェアやサービスを使っているかを調査しておきましょう。その際、調査票を使って各パソコンのユーザーにヒアリングをすると、調査項目の漏れや重複を防ぐことができます。

調査する項目の例

- □ 日常的に使っているソフトウェアや、インターネット上のサービスなどの名称と使用目的
- □ メールや文書ファイルにパスワードを設定するなどセキュリティ対策を行っているか？　どのようにパスワードを管理しているか？
- □ バックアップを行っているか？
- □ パソコンやスマートフォン、タブレット端末などを、最近1週間で「いつ（時刻）」「どれくらい（時間）」「どの業務」で使用したか？
- □ 「どのサーバー（種類）を」「どれくらい（頻度）」「どのソフトウェアから」「どういった目的で」使用したか？
- □ サーバーへの接続、認証、データ転送、応答時間などに問題はないか？
- □ 「どのプリンター（種類）の」「白黒印刷またはカラー印刷を」「どれくらい（頻度と枚数）」「どういった目的で」使用したか？
- □ ネットワーク上のトラブルに遭遇したことがあるか？　ネットワークへの不満や改善してほしいことはあるか？

● 現状調査からわかること

　これらの調査により、現在使っているネットワークの状況を把握することで、パソコンの設定や、利用中のサービス、社員の困っていることなどが見えてきます。また、業務の流れに合わせ、必要とされるソフトウェアや周辺機器、ネットワークの問題点などを洗い出すこともできます。たとえば、次のようなことがわかります。

洗い出された問題点の例

□ サポート切れのソフトウェアの有無やセキュリティ上の課題
□ 重複している製品やサービスの削減によるコスト削減
□ 最新の環境を揃えておくことによる顧客の信頼度アップ
□ 大量購入による割引
□ 今後の新規導入や保守の計画

■ 調査結果の例

	内　容	コメント
ヒアリングの日時	2016年7月1日（金）	
ヒアリングの担当	システム担当・山内	
ヒアリングの対象	営業部・村田	
パソコンのOS	Windows 8.1	OSのアップグレードの要望あり
スマートフォン	iPhone 6S	
タブレット端末	iPad Pro	
仕事で使うソフトウェア	Microsoft Office 2013	Officeソフトのアップグレードの要望あり
インターネット上のサービス	Gmail、オンラインストレージ	セキュリティの確認
セキュリティ対策	ウイルス対策ソフト、迷惑メールソフト	定時スキャン：毎週水曜日12時
パスワード管理	手帳にメモ	紛失や漏えいの危険性あり
バックアップ対策	プロジェクト終了時にNASにバックアップ	定期的なバックアップの方法を検討

● 要件定義

　社内LAN構成図を作成したら、ネットワークの利便性を向上させるために必要な機器や、ネットワークの運用方法などを検討します。これをまとめて整理すると、「要件定義」になります。このプロセスは、ネットワークの運用を開始したあとも、常に改善しながらくり返すことになります。

　ネットワークの要件としては、以下のようなものが挙げられます。現状調査の結果と照合しながら、これらの要件を検討します。要件レベルを上げていくと、ネットワークの性能やセキュリティ性などは高まるものの、その分コストも高くなってしまいます。社内で検討しながら、実現可能なバランスに落ち着けることが大切です。

■ネットワークの要件

要　件	概　要
接続性	何と何をつなげるか？
性　能	処理能力は適切か？
信頼性	障害時に適切に停止でき、復旧が早いか？
セキュリティ性	安全性の範囲が広く、堅牢か？
拡張性	パソコンの追加や接続先の変更が容易にできるか？
運用性	容易で効率的な運用ができるか？
移行性	容易に入れ替えなどを実施できるか？
設備要件	通信設備などの設置環境は十分か？

まとめ
- ネットワークの現状を調査し、社内LAN構成図を作成する
- ユーザーへのヒアリングを行い、用途や要望を整理しておく
- 調査した内容とネットワークの目的を整理し、要件定義にまとめる

07 ネットワーク上のサービスを把握しよう

業務においては、インターネット上のさまざまなサービスを利用しています。そのサービスの種類や特徴を理解し、業務に適したもの導入することで、効率化を図ることができます。

● ネットワークサービスとは

　インターネットを使ってデータを転送したり、特定のソフトウェアの機能を実行したりするサービスを「ネットワークサービス」といいます。たとえば、プロバイダーと契約すると、Webサイトやブログの構築、ファイル共有などのサービスを無料で利用できる特典が付加されることがありますが、これもネットワークサービスの1つです。現在では、業務で使えるさまざまなサービスが開発されています。

● ネットワークサービスの種類

　ネットワークサービスにはさまざまな種類があります。ここでは、ビジネスでよく利用されるネットワークサービスの代表的なものを紹介します。

ファイル共有

　インターネット上に確保された大容量の領域にデータをアップロードすることで、ファイルの共有やバックアップなどが行えるサービスです。ファイルの一元管理や共同作業などに役立ちます。

　たとえば、Microsoftの「OneDrive」はWindowsやOffice 365から簡単にデータをアップロードでき、有料で容量を拡張できます。Googleの「Google Drive」はGmailやGoogleドキュメント、Android端末などと連携できます。Appleの「iCloud」もiPhoneやiPad、Macなど、さまざま端末から写真や文書などをアップロードできます。

　このような、パソコンや携帯端末などからインターネット上にデータを

アップロードしてファイルを共有するサービスを「オンラインストレージ」または「クラウドストレージ」といいます。オンラインストレージを利用すれば、メールで送信できない大容量のファイルもやり取りできます。また、停電時や社内サーバーの故障時などに備えて、バックアップ先として使うこともできます。携帯端末からもアクセスできるので、外出先でファイルを閲覧したいときにも便利です。

■ ファイル共有サービス

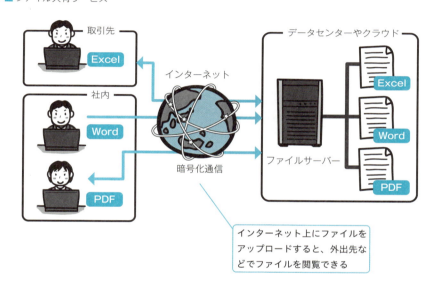

セキュリティ対策

　日々の業務で頻繁に使うメールは、ウイルスなどの標的になりやすいサービスの1つであり、万全のセキュリティ対策が必要です。メールに関連するセキュリティサービスには、ウイルス対策や迷惑メール対策、Webサイトなどのコンテンツを遮断するフィルタリング機能などがあります。

　たとえば、トレンドマイクロの「ウイルスバスタービジネスセキュリティサービス」（http://www.trendmicro.co.jp/jp/business/products/vbbss/）では、セキュリティ対策のサーバーを社内に構築する必要はなく、パソコンやスマートフォン、タブレット端末などのセキュリティを一元管理できます。

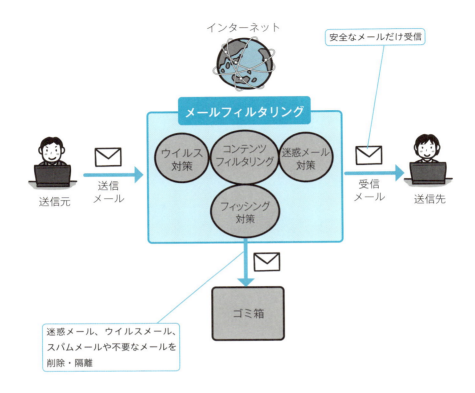

グループウェア

　グループウェアは、組織やプロジェクトなどの情報共有を支援するサービスです。メールや掲示板、住所録、ファイル共有、スケジュール管理など、さまざまな機能を備えており、割り当てられたIDとパスワードを使ってログインすると、ユーザーの権限に応じて機能が使えるようになります。

　グループウェアは、社外からのアクセスを制限してセキュリティ性を高めることもできれば、インターネットを介してアクセスできるようにして利便性を高めることもできます。たとえば、サイボウズの「サイボウズLive」（https://live.cybozu.co.jp/）は、インターネットに接続できる環境があれば、いつでもどこでもグループウェアで情報を共有できます。また、専用のアプリを使えば、スマートフォンやタブレット端末からもアクセスできます。

データのバックアップ

　パソコンのデータをインターネット経由でデータセンターにバックアップするサービスです。サーバーの構築や管理が不要で、常に安全にデータをバックアップできます。データは複数のデータセンターに置いて管理されるため、災害時でもデータの安全が確保されます。

　たとえば、大塚商会の「PCクラウドバックアップサービス」（https://www.otsuka-shokai.co.jp/products/tayoreru/mns/cloud-backup.html）は、自動的にパソコンのデータをバックアップするサービスです。データは暗号化して転送されるため、セキュリティ性が高まります。

■ リモートバックアップサービス

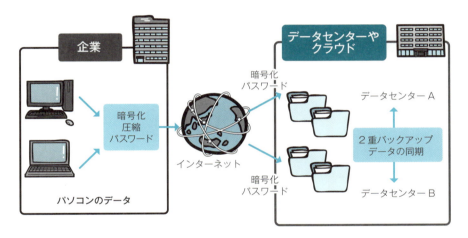

決済

　決済サービスを使うと、販売した商品の請求業務が効率化され、料金の回収率と顧客側の利便性を向上させることができます。請求に必要な払い込みデータを決済会社に送信すれば、決済会社が請求と回収に関する書類作成から手続き、入金までを代行します。入金方法はコンビニエンスストアのほかに、銀行やインターネット、電子マネーなどの決済にも対応しています。

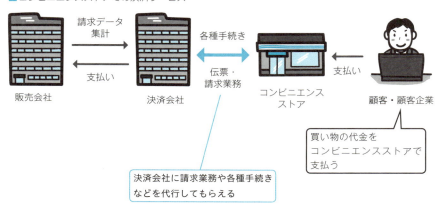

■コンビニエンスストアでの決済サービス

請求データ
集計

支払い

販売会社

各種手続き

伝票・
請求業務

決済会社

コンビニエンス
ストア

支払い

顧客・顧客企業

決済会社に請求業務や各種手続き
などを代行してもらえる

買い物の代金を
コンビニエンスストアで
支払う

　たとえば、インターネット上で商品販売やサービス提供を行う事業者を対象としたソフトバンクの「SaaS決済サービス」（http://tm.softbank.jp/cloud/saas/payment/）は、クレジットカード決済や電子マネー決済、携帯キャリア決済などの決済方法を選択でき、これらの決済機関との契約、システム連携、入金業務などを一括して代行します。

通訳

　インターネット経由でテレビ電話を接続し、外国語の通訳サービスを24時間365日提供するサービスなどもあります。さまざまな場面で、パソコンやスマートフォン、タブレット端末などから利用できるので便利です。

　たとえば、NECの「法人様向け通訳クラウドサービス」（http://jpn.nec.com/tele_innov/aaaa/）では、タブレット端末などを使い、時間と場所を選ばずに通訳サービスを提供しています。緊急の海外出張でのやり取りや、海外企業への連絡などで、外国語と日本語のリアルタイムの通訳サービスを受けられるので、商談などがしやすくなります。

まとめ

- ● ネットワークサービスの種類と特徴を把握する
- ● 業務に応じてネットワークサービスの導入を検討する
- ● ネットワークサービスの費用対効果を検討する

第2章

ネットワーク管理の
基本を知ろう

ネットワーク管理者の業務を知ろう

ネットワーク管理者の業務は広範囲にわたり、定期的な保守だけではなく、トラブル発生時の対応や社員教育なども含まれます。会社の事業における管理者の重要性を理解し、縁の下の力持ちとしての役割を果たしましょう。

● 広範囲にわたるネットワーク管理者の業務

　ネットワーク管理者は、ネットワークの設計、構築、運用、保守などにかかわるさまざまな業務を担います。新しい技術やユーザーの要望などを採り入れながら、ネットワーク自体や関連機器を見直し、定期的な保守や再構築を行うことが求められます。

　また、インターネットやメールなどを日常的に使う現代では、情報漏えい

■ネットワーク管理者の業務

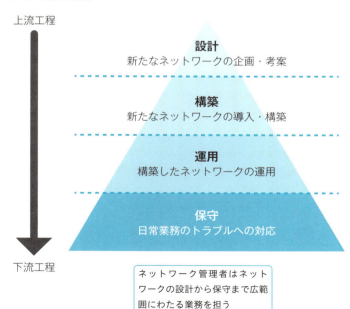

上流工程

設計
新たなネットワークの企画・考案

構築
新たなネットワークの導入・構築

運用
構築したネットワークの運用

保守
日常業務のトラブルへの対応

下流工程

ネットワーク管理者はネットワークの設計から保守まで広範囲にわたる業務を担う

などの対策も不可欠です。そのためには、セキュリティ性の確保とユーザーへの教育が必要になります。

「インターネットにつながらない」「共有ファイルが開けない」などのトラブルが発生したら、ネットワーク管理者が窓口になり、トラブルの状況を把握し、原因を特定して対応策を考えます。「ネットワークは常につながるもの」と考えられているので、ネットワークのトラブルは緊急事態です。トラブルを迅速に解決し、ネットワークを通常の状態に戻して、ユーザーの作業を効率化することは、ネットワーク管理者の重要な役割です。

■ ネットワーク管理者の主な業務

業　務	内　容
ネットワークの設計	・業務内容やユーザーの要望を考慮して、ネットワークの目的に適した設計を検討し、具現化する計画を立てる ・ネットワークの最新技術、システム環境や利用形態などを調査し、導入を検討する
ネットワークの構築	・建物や設備などを調査し、社内レイアウトに基づく社内LAN構成図を作成する ・通信機器、ネットワーク機器、ケーブル類、パソコン、サーバー、周辺機器などの配置と設定を考える
ネットワークの運用	・ネットワークの運用ルールを作成し、ネットワークの利用状況を監視する ・パソコンやサーバー、ソフトウェア、ネットワークサービスなどを管理する
ネットワークのトラブル対応や保守	・日常のトラブルに対応し、トラブルへの対応方法や設定の変更方法などを文書化して、社内で共有する ・古くなった機器の刷新や、新しい技術の導入を図る
ネットワークと情報システム全般にわたるセキュリティ対策	・社内で扱う情報を管理し、必要なセキュリティ対策を整備する ・セキュリティ対策をルール化し、社内に周知させる
ユーザーへの教育	・パソコンやサービスの利用方法などを教育する ・情報共有の方法や個人情報の取り扱いなど、セキュリティの重要性を教育する

● 日常的な業務と不定期的な業務

　ネットワーク管理者の業務を大きく分類すると、日常的な業務と不定期的な業務があります。日常的な業務としては、社内のサーバーやプリンターなどのログの確認、前日のエラーの有無やサーバーの起動状態の確認、パソコンなどへの接続状態の確認などがあります。一方、不定期的な業務としては、会社の事業内容の変化や引っ越しなどに伴うネットワークの見直しや、トラブル発生時の対応などがあります。

■ 日常的な業務と不定期的な業務

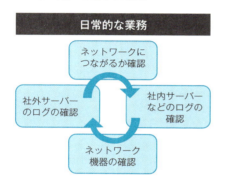

● 社員教育の重要性

　IT（Information Technology）は急速に進歩しています。その進歩に対応するために、ITの基本的な知識は、社員全員が持っていなければなりません。
　社員がITの知識を得るためには、ネットワーク管理者による社員教育が効果的です。そのためには、まずネットワーク管理者が新聞や雑誌、書籍、インターネット、セミナーなどから、新しいITやシステム、ネットワーク機器などに関する情報を収集します。その中で、社内で活用できそうなものがあればそれを社員に説明し、一緒に学びながら導入を検討します。このプロセ

スを定期的に実施することで、社員がITを使いこなす知識やスキル（リテラシー）が向上します。

　社員のリテラシーが向上すると、業務でITを活用できるようになり、業務が効率化します。また、ITやIT機器、ネットワークなどの情報を使いこなせば、新しい業務の方法や新しい事業などを発想しやすくなります。

　社員教育は、社員全員が自ら情報を収集し、ITについて学ぶ習慣を身に付け、新しい情報や技術を社内に定着させて、会社の発展につなげることが目標です。

■情報活用能力の概念

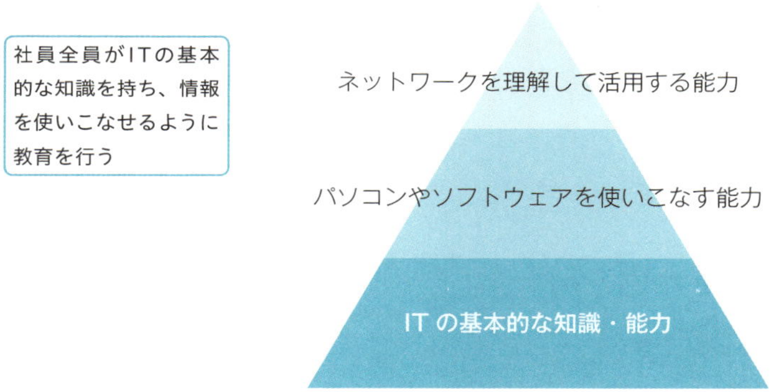

社員全員がITの基本的な知識を持ち、情報を使いこなせるように教育を行う

ネットワークを理解して活用する能力

パソコンやソフトウェアを使いこなす能力

ITの基本的な知識・能力

まとめ
- 管理者の主な業務はネットワークの設計、構築、運用、保守
- 定期的なネットワークの保守と、トラブル発生時の対応を行う
- 社員教育を実施し、社員のITのリテラシーを上げる

02 ユーザーを管理しよう

ネットワーク上でユーザーを識別するためのパソコン名とユーザー名、パスワードの関係を理解しておきましょう。パソコンごとにユーザー名とパスワードがあり、ユーザー権限によってネットワーク上でできることを制限します。

● ネットワークの種類

　小規模なオフィスで構築するネットワークの種類には、主に「ワークグループ」「Active Directoryによるドメインネットワーク」の2種類があります。セキュリティの強化が必要なときは、Active Directoryによるドメインネットワークを使いますが、一般的には運用管理が容易なワークグループを使います。本書では、ワークグループを前提として解説していきます。

● ユーザーとは

　「ユーザー」とは、パソコンを起動し、ログイン画面でユーザー名とパスワードを入力してパソコンを操作する人のことです。Windowsの場合は、ログインするとあらかじめ設定されているユーザーの設定情報が読み込まれ、デスクトップ画面やソフトウェアなどの環境設定が適用されます。同じパソコンに別のユーザーを追加した場合は、ユーザーごとに設定情報が読み込まれます。これにより、複数のユーザーで1台のパソコンを使うことができます。

パソコン名とユーザー名

　ユーザーは、たとえば「パソコンAのユーザーB」というように、「パソコン名＋ユーザー名」で識別されます。この名前の組み合わせにより、ネットワーク上で特定のユーザーに接続できます。

　ネットワーク上のパソコン名は、パソコンがネットワークに接続されると登録され、接続が解除されると削除されます。相手のパソコンに接続するときは、パソコン名をもとにパソコンを探し、相手のパソコンに接続すると、

■Windows既定のユーザーの設定情報

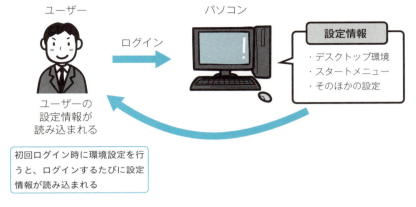

ユーザー　　　　　　　　　　　パソコン

ログイン

設定情報
・デスクトップ環境
・スタートメニュー
・そのほかの設定

ユーザーの
設定情報が
読み込まれる

初回ログイン時に環境設定を行
うと、ログインするたびに設定
情報が読み込まれる

■Windowsに登録されているパソコン名とユーザー名の関係

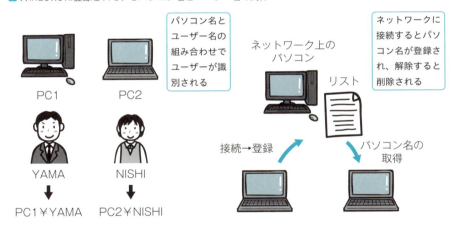

パソコン名と
ユーザー名の
組み合わせで
ユーザーが識
別される

ネットワーク上の
パソコン

ネットワークに
接続するとパソ
コン名が登録さ
れ、解除すると
削除される

PC1　　　　PC2

リスト

YAMA　　　NISHI

接続→登録

パソコン名の
取得

PC1¥YAMA　PC2¥NISHI

そのパソコンに登録されているユーザーの設定情報が読み込まれます。相手
のパソコンに接続するときは、そのパソコンに登録されているユーザー名と
パスワードを使ってログインし、登録されているユーザーの権限で共有フォ
ルダーやファイルを操作できます。

サービスで利用するユーザー名

　Windowsの内部では、自動アップデートなど、裏で実行される（バックグ
ラウンド）サービスが動作しています。パソコンを起動すると、自動的にそ
れらのサービスが起動し、設定されている機能を実行して、パソコンや共有

ファイルなどにアクセスします。ユーザー名はこのようなサービスでも使われることがあります。したがって、ネットワーク上で同時に接続できるユーザー数には余裕を持たせておくとよいでしょう。

ユーザー名とパスワード

相手のパソコンに接続するときには、相手のパソコンのユーザー名とパスワードを入力してログインします。その際、ユーザー名は「パソコン名¥ユーザー名」を使います。一度使ったユーザー名やパスワードなどの接続情報は、「資格情報の管理」に記録されます。Windowsの場合、記録されたデータはコントロールパネルの［ユーザーアカウント］または［ユーザーアカウントとファミリーセーフティ］→［資格情報マネージャー］をクリックすると確認できます。

● ユーザーがネットワーク上でできること

ユーザーがネットワーク上で何でもできてしまうと、重要なファイルを削除する、フォルダー構成を変更してしまうなどの危険性があります。あらかじめ、ユーザーに対し「ユーザー権限」を設定しましょう。

ユーザー権限とは、ネットワーク上でのユーザーごとの「できること・できないことのルール」です。たとえば、「ファイルを開くことはできても上書き保存はできない」「新たにフォルダーを作成できない」などです。

■ネットワーク上のユーザー権限の例

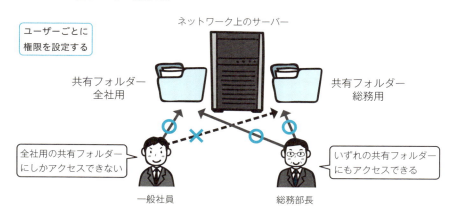

ネットワーク上のサーバー

ユーザーごとに
権限を設定する

共有フォルダー
全社用

共有フォルダー
総務用

全社用の共有フォルダー
にしかアクセスできない

いずれの共有フォルダー
にもアクセスできる

一般社員　　　　　　総務部長

● ユーザー管理リストとの照合

　Windowsで構築したネットワーク上では、パソコン名とユーザー名、パスワードでユーザーを管理します。あるパソコンから別のパソコンにアクセスすると、ネットワーク上の「ユーザー管理リスト」と照合され、属性が一致すればパソコンどうしがつながるというしくみです。

　さらに、共有フォルダーへのアクセスも、アクセスできるかどうかの情報と照合することで、読み込みや書き込みなどができるようになります。

■ネットワーク上のユーザー管理

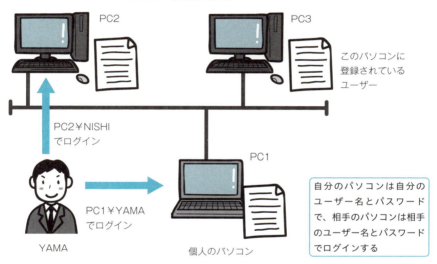

ネットワーク上のパソコン

PC2

PC3

このパソコンに
登録されている
ユーザー

PC2¥NISHI
でログイン

PC1

PC1¥YAMA
でログイン

YAMA

個人のパソコン

自分のパソコンは自分の
ユーザー名とパスワード
で、相手のパソコンは相手
のユーザー名とパスワード
でログインする

まとめ
● ユーザーは「パソコン名＋ユーザー名」で識別される
● ユーザー権限を設定し、安全にネットワークを管理する
● アクセスできるかどうかの情報と照合してパソコンどうしが接続

03 ユーザーをグループで管理しよう

アカウントにはユーザーアカウントとグループアカウントがあります。複数の
ユーザーアカウントをグループアカウントでまとめると、ユーザーを効率的に
管理でき、運用や操作のミスを軽減できます。

● ユーザー権限の種類と確認方法

　パソコンやサーバーなどの共有フォルダーには、アクセスするユーザーに
応じて個別にユーザー権限を設定できます。これにより、共有フォルダーに
保存されている重要なファイルを保護できます。

　Windowsでユーザー権限を確認するには、目的の共有フォルダーを右ク
リックし、表示されたメニューから［プロパティ］をクリックします。フォ
ルダーのプロパティのダイアログボックスが表示されたら、［セキュリティ］
タブをクリックし、［グループ名またはユーザー名］から目的のユーザーを選
択して、［編集］をクリックします。フォルダーのアクセス許可のダイアログ

■ 主なユーザー権限の種類

権　　限	内　　容
フルコントロール	すべての権限が与えられる。チェックを付けると、自動的に「変更」「読み取りと実行」「読み取り」「書き込み」にもチェックが付けられる。
変更	書き込みと所有権の取得以外の権限が与えられる。チェックを付けると、自動的に「読み取りと実行」「読み取り」「書き込み」にもチェックが付けられる。
読み取りと実行	ファイルの読み取りと実行、属性の読み取り、アクセス許可の読み取りの権限が与えられる。チェックを付けると、自動的に「読み取り」にもチェックが付けられる。
読み取り	ファイルの読み取り、属性の読み取り、アクセス許可の読み取りの権限が与えられる。
書き込み	ファイルの書き込み、属性の書き込みの権限が与えられる。アクセス許可の書き込みと所有権の取得の権限はない。

ボックスが表示されたら、［アクセス許可］の各項目の［許可］と［拒否］に
チェックを付けてユーザー権限を設定します。

● ユーザーをグループでまとめるメリット

　ユーザー数が多くなると、ユーザーアカウントでユーザーを管理するのが
煩雑になります。このような場合は、複数のユーザーをまとめた「グループ」
を作成し、そのグループに権限を設定した「グループアカウント」を作成し
ましょう。グループアカウントを設定すると、グループに属するユーザーは
同じ権限を保持できるようになります。

　グループアカウントを作成するメリットはいくつかあります。まず、ユー
ザーごとに権限を設定するよりも、グループでまとめて設定するほうが効率
的です。管理するアクセス権限の数が少ないので、「権限を与えるべきでない
ユーザーに誤って権限を与えてしまう」といったミスを防止しやすくなりま
す。なお、あとからユーザーごとの権限に変更することも可能なので、必要
に応じて柔軟に対応できます。

　また、グループでファイルや周辺機器などを共有できるようになります。
さらに、オフィスごとや部署ごとなど、組織に応じた複数のグループに分け
て管理することも可能です。

■パソコンのユーザーアカウント

パソコンを使用するときは「標準」や「管理者」などのユーザーアカウントを設
定します。ユーザーアカウントの種類によってパソコンで実行できる操作は異
なるので、一般社員のユーザーと管理者のユーザーでユーザーアカウントを使
い分けておきましょう。社員にパソコンを支給する際は、管理者があらかじめ
作成した標準ユーザーでログインするルールにしておくと、ユーザーが設定を
変更できなくなり、管理がしやすくなります。

アカウント	対象と制限
標準	日常的にパソコンを使うユーザーに対して設定する。ほとんどの機能を使うことができるが、パソコンのシステムを変更するような設定はできない。
管理者	パソコン全体を管理するユーザーに対して設定する。すべての設定変更が可能で、ファイルや機能をすべて使うことができる。

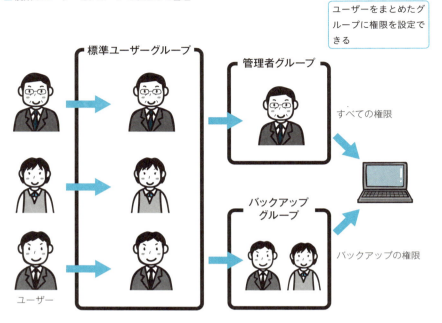

ユーザーをまとめたグループに権限を設定できる

標準ユーザーグループ

管理者グループ

すべての権限

バックアップグループ

バックアップの権限

ユーザー

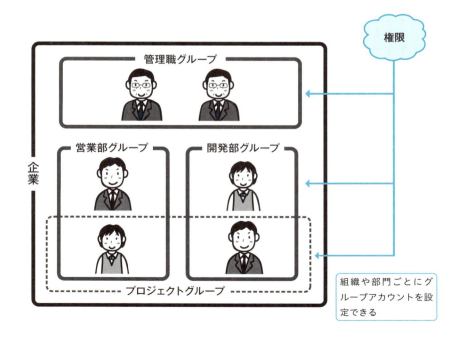

権限

管理職グループ

営業部グループ

開発部グループ

企業

プロジェクトグループ

組織や部門ごとにグループアカウントを設定できる

● ユーザーをグループで管理する

　ユーザーは、複数のグループのメンバーになることができます。たとえば、部署別と役職別のグループを別々に設定したとすると、営業部長が「営業部」のグループに所属し、同時に「管理職」のグループに所属するといったことが可能です。「管理者」のユーザーアカウントを使う場合は、グループの新規作成、ユーザーのグループの移動、ユーザーアカウントの追加や削除などを行うことができます。

● ユーザーとグループ管理の拡張

　パソコンが20台以下の小規模なネットワークでは、パソコンとユーザーの権限を管理しやすい「ワークグループ」を使うのがお勧めです。ワークグループを使うと、ワークグループ名を指定するだけでネットワークを利用できます。ワークグループでは、ユーザー名とパスワードでパソコンごとにファイル共有などの権限を管理します。たとえば、相手のパソコンに接続するときは、相手のパソコンのユーザー名とパスワードで接続し、共有フォルダーやファイルを利用します。

　ワークグループに追加したサーバーに接続するには、サーバーへのアクセス権限を保持している必要があります。そのため、事前にサーバーごとにユーザー名とパスワードを登録し、サーバーのアクセス権限を設定しておきます。これはグループの場合も同様です。

　ユーザーとグループを効率よく管理するには、Windows Serverで「ドメインネットワーク」を実行します。ユーザー名やパスワード、パソコン名の登録、グループの権限設定は1台のサーバーで行い、サーバーを増設しても登録の必要はありません。パソコンをドメインネットワークに登録しておけば、登録したユーザー名やパスワードを常に使うことができます。

まとめ
- ユーザー権限の種類と内容を理解する
- ユーザーをグループでまとめると、ユーザーの管理が効率化する
- パソコンでグループを管理するには管理者権限が必要

04 周辺機器を共有しよう

ネットワーク上で周辺機器を共有すると、事務処理が効率化します。パソコンごとに接続を制限し、パスワードを設定して安全に使えるようにしましょう。とくに複合機を活用すれば、FAXやメールの送信もスムーズです。

● 周辺機器の共有

　周辺機器には、ネットワーク対応のものと非対応のものがあります。最近ではネットワーク対応の周辺機器が増えています。

ネットワーク対応の機器

　ネットワーク対応の周辺機器は、LAN端子もしくは無線LAN子機の機能を内蔵しています。ネットワーク対応の周辺機器を導入する場合、たとえばプリンターでは、無線LAN子機の機能の有無、対応する周波数の帯域、対応するWindowsのバージョンやスマートフォン、タブレット端末などを確認します。NAS（ネットワーク対応HDD）では、高速転送に対応しているか、故障時にドライブを交換できるか、低騒音・省エネに対応しているか、バックアップ機能が充実しているかなどを確認しましょう。

ネットワーク非対応の機器

　ネットワーク非対応の周辺機器は、「デバイスサーバー」と呼ばれる機器で接続する方法があります。これはUSBとネットワークの変換アダプターで、複数台のUSB接続の周辺機器をネットワークで利用できるようにします。有線LANのほか、無線LANに対応するデバイスサーバーもあります。便利な機器ですが、デバイスサーバーの利用は周辺機器メーカーの保証外の可能性があるので、導入にあたっては注意が必要です。

　なお、LAN端子を持たないタブレット端末をUSB端子で有線LANに接続するための、一対一の変換アダプターもあります。

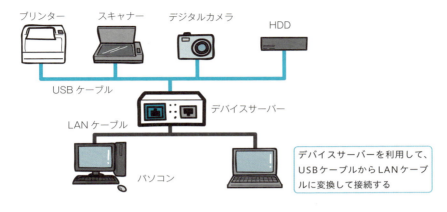

■デバイスサーバーを使った接続

プリンター スキャナー デジタルカメラ

HDD

USB ケーブル

LAN ケーブル

デバイスサーバー

パソコン

> デバイスサーバーを利用して、USBケーブルからLANケーブルに変換して接続する

● 複合機を共有するメリット

　プリンターとスキャナー、FAXなどが一体化した複合機を導入すると、ペーパーレス化や消費電力の削減などのメリットがあります。紙の文書をスキャニングして電子化し、ネットワーク上で指定した共有フォルダーへ保存して、FAXで送信するといった使い方ができます。

　さらに、複合機にメールアドレスを登録し、インターネットに接続しておけば、電子化した文書をメールで送信することも可能です。この方法なら、パソコンを使わずにメールで送信できるので便利です。

■紙の文書をスキャニングして電子化

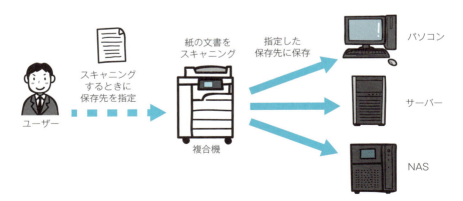

ユーザー

スキャニングするときに保存先を指定

紙の文書をスキャニング

指定した保存先に保存

パソコン

サーバー

複合機

NAS

● 複合機を共有するときの注意点

　複合機を共有するときは、無駄な印刷を抑えるなどの工夫が必要な場合もあります。たとえば、複合機側の接続ソフト（ドライバーソフト）でパソコンごとに印刷できる条件を設定し、特定の条件でロックするなどを検討しましょう。

　セキュリティの面では、複合機本体のパネル操作も含めて機能を制限できます。インターネット経由で外部から複合機へアクセスできるように、複合機にグローバルIPアドレスを設定することも可能ですが、安全のために社内ネットワークで使っているプライベートIPアドレスを設定し、外部からの通信を制限するのが賢明です。また、ユーザーの印刷履歴を共有フォルダーに保存しておけば、コスト意識の向上にも役立ちます。

　複合機は多機能で、社内での利用頻度が高い機器です。トラブルの発生時は早急に復旧できるように、メーカーへの連絡や交渉を行う担当者（ネットワーク管理者または別の社員）を選任しておきましょう。

■パスワードでユーザーの利用を制限する例

	操作できる機能				
	プリンター	スキャナー	モノクロコピー	カラーコピー	FAX送受信
管理職	○	○	○	○	○
一般社員	○	○	○	○	×
パート・臨時	○	○	○	×	×

> 部署や役割に応じて利用できる機能を制限する

● 複合機の共有の設定

　複合機をネットワークに追加するには、まず複合機の付属CD-ROMなどから、パソコンでインストーラーを起動します。次に、USBケーブルでパソコンと複合機を接続し、複合機のIPアドレスなどを設定します。この手順は無

線LANの場合も同じです。

　その後、設定したIPアドレスをパソコンのブラウザに入力し、表示された画面で複合機の設定を行います。たとえば、複合機にHDDやUSBメモリーなどを接続して共有したい場合は、共有のドライブ名を設定します。また、複合機からパソコンなどの共有フォルダーにデータを転送させたい場合は、パソコンのIPアドレス、ユーザー名、パスワード、共有フォルダー名などを設定します。

　このような設定は、複合機を導入する際、メーカーのサービス担当者に行ってもらえることもあります。その場合は、あらかじめ複合機の運用方法を決めておき、サービス担当者に用途を説明して対応してもらう必要があります。また、トラブルが発生したときのために、サービス担当者の連絡先と連絡方法を確認しておきましょう。

まとめ

- ネットワーク上に周辺機器を登録すると事務処理が効率化する
- 複合機をパソコンで管理すると、無駄を省くことができる
- 複合機からのメール送信やパソコンへのデータ転送も可能

05 ファイルを共有できるようにしよう

ファイルを共有すると、複数のユーザーでデータを読み書きできるので便利ですが、設定を誤ると不正アクセスの標的になることがあります。ファイル共有の危険性を念頭に置き、より安全な運用を検討しましょう。

● ファイル共有のメリットと考え方

　ファイル共有とは、あるパソコンから別のパソコン上のファイルへ、ネットワーク経由でアクセスできるようにすることです。これにより、複数のユーザーが1つのファイルを閲覧、編集、印刷できます。

　共有中のファイルは、複数のユーザーで同時にコピーできます。1人のユーザーがファイルを開いている間は、ほかのユーザーは編集できません。なお、Excelの「共有ブック」のように、複数のユーザーで同時にファイルを編集するための機能を搭載したアプリケーションもあります。

　ファイル共有には多くのメリットがありますが、安易に共有すると、不正アクセスや情報漏えい、データの改ざんなどの原因になる危険性があります。ファイル共有は適切な場所と設定で運用し、必要性が低いときは共有設定を解除しましょう。

■同じファイルへアクセスして共有

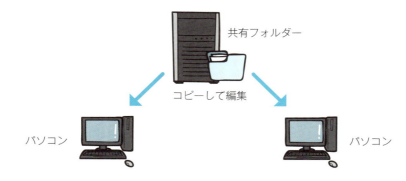

共有フォルダー

コピーして編集

パソコン　　　　　　　　　　　　　　パソコン

ファイル共有の主なメリット

□ USBメモリーなどのメディアを使わずにファイルをコピーできる

□ 複数のパソコンからファイルにアクセスできる

□ 「編集可」「閲覧のみ」などの権限を設定できる

● ファイル共有の方法

　ファイルを共有するには、パソコンやサーバー、クラウドなどに共有の領域を設け、その領域に共有したいファイルを保存します。ファイル共有には、主に次のような方法があります。

ファイル共有の主な方法

□ ファイル共有のためのパソコンを用意する（内蔵HDDや外付けHDD）

□ 直接ネットワークに接続したNASを使う

□ ファイルサーバーを構築する

□ ネットワークですべてのパソコンにアクセスできるようにする

□ 社内サーバーやWebサービスのグループウェアを使う

□ インターネット上のサーバーを使う（オンラインストレージ）

パソコンやサーバーなどを使う

　特定のパソコンでファイルを共有する場合は、パソコンに内蔵されているHDDを使う以外に、外付けのHDDを使う方法もあります。ただし、常にパソコンを起動しておく必要があり、パソコンに負荷がかかります。

　パソコンへの負荷や処理の遅延などを軽減したいときはNASが便利です。NASはネットワーク経由で直接アクセスできるので、パソコンの処理速度の影響はありません。複数のユーザーが同時に書き込んでも、処理速度があまり低下しないように設計されています。

　また、ファイル共有のためのパソコンを用意するのではなく、ネットワークに接続されているすべてのパソコンにアクセスできるように設定することも可能です。この場合、パソコンが起動していれば、ほかのどのパソコンにでも自由にアクセスして必要なファイルの閲覧や更新などができます。そのかわり、セキュリティ性が低下し、ファイルの管理も困難になります。

　多量のファイルを扱う場合や、頻繁にファイルの更新を行う場合、高度な

セキュリティ性の保持が必要なファイルを扱う場合などは、ファイルサーバーを構築して、安全かつ安定した運用を目指しましょう。

グループウェアを使う

　グループウェアには、ファイル共有の機能を備えているものがあります。グループウェアを使うと、ファイルの更新者や更新履歴などが記録され、ファイルを管理しやすいというメリットがあります。一般的な使い方としては、グループウェアにアクセスして必要なファイルをパソコンにダウンロードし、編集後にグループウェアからファイルをアップロードします。特定のユーザーの編集中に、ほかのユーザーが編集できないようにロックする機能なども備えています。

オンラインストレージを使う

　オンラインストレージは、インターネット上のサーバーやクラウド上の領域にファイルを保存して共有するサービスです。ファイルはインターネット上に保存するため、パソコンのHDDを圧迫することがありません。また、インターネットにアクセスできる環境があれば、いつでもどこでもファイルの閲覧や更新が行えます。また、メールに添付できない大容量のファイルなどは、オンラインストレージを使って受け渡しができます。

● 共有フォルダーの作成

　Windowsでファイルを共有するためには、共有したいフォルダーを選択し、次のような手順で共有の設定を行います。

①共有したいフォルダーを右クリックし、表示されたメニューから［プロパティ］を選択する。
②プロパティのダイアログボックスの［共有］タブをクリックし、［詳細な共有］をクリックする。
③［詳細な共有］ダイアログボックスの［このフォルダーを共有する］にチェックを付け、［OK］をクリックする。
④プロパティのダイアログボックスに戻り、［共有］タブの［共有］をクリックする。

⑤[ファイルの共有] ウィンドウの中央のボックスから共有するユーザー（す
　べてのユーザーと共有するには [Everyone]）を選択し、[追加] をクリッ
　クして、アクセス許可のレベルを選択する。

■②プロパティのダイアログボックス

[詳細な共有] を
クリックする

■③ [詳細な共有]

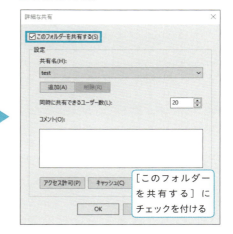

[このフォルダー
を共有する] に
チェックを付ける

■⑤ [ファイルの共有]

共有するユーザーを追
加し、アクセス許可の
レベルを選択する

まとめ

● ファイルを共有すると、別のユーザーがデータを読み書きできる
● 不正アクセスや情報漏えいなどセキュリティに注意する
● 不要なファイル共有は解除しておく

ネットワークは2人以上で管理しよう

ネットワーク管理は複数の社員で担当し、互いの知識やスキルを共有しながら遂行します。トラブル発生時に迅速に対応できるように、対応マニュアルや管理手順書、運用規定などを用意しておきましょう。

● 複数の管理者が必要な理由

ネットワークは常に利用できる状態にあることが求められます。したがって、トラブル発生時などに迅速に対応できるように、2人以上のネットワーク管理者を配置するべきです。

ネットワーク管理者が1人しかいないと、不在時にトラブルが発生したときに対応できません。しかし、複数のネットワーク管理者を配置し、誰か1人は社内にいる体制にすれば、急なトラブルにも対応できます。

また、ネットワークを管理するには、幅広い知識やスキルが求められます。複数のネットワーク管理者がいれば、知識やスキルを補い合ったり、担当する分野を分けたりできます。

ネットワークの規模によりますが、専任のネットワーク管理者を1人配置するよりは、ほかの業務と兼任のネットワーク管理者を複数配置するほうが、トラブル対応の面でも、知識やスキルの面でも柔軟な対応が可能になるので有利です。

● 手順やルールを文書化して共有する

トラブル発生時に専任のネットワーク管理者が不在でも、ほかの兼任者が優先順位に従って対応できるように、「管理手順書」を作成して共有しましょう。手順書には、作業日や作業者名の記入欄、作業内容のチェック欄などを設けておくと、作業履歴の管理や作業漏れの防止に役立ちます。また、兼任者でも基本的な対応ができるように、コメントなどを補足しておきます。さらに、トラブルを予測し、管理者どうしが共同で作業を行って、互いの知識

やスキルの不足を補完し合うことも大切です。

　複数の管理者が連携してネットワークを管理するためには、管理手順書のほか、トラブル発生時の対応ルール、ネットワークの運用規定などを共有する必要があります。それらを文書化し、業務の効率化につなげれば、ネットワーク管理者の実績になります。また、文書化しておけば、ネットワーク管理の業務を新任者が引き継ぐときにも役立ちます。

■ 手順書の作り方

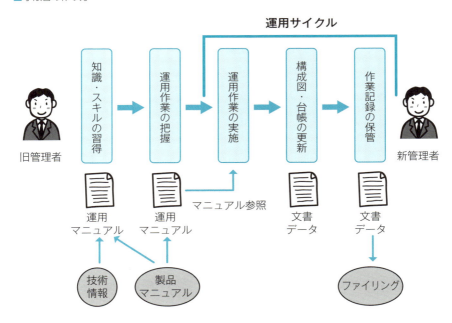

第2章　ネットワーク管理の基本を知ろう

まとめ
- 複数のネットワーク管理者を配置する
- ネットワークを管理するための幅広い知識やスキルを共有する
- トラブル発生時の対応の優先順位や管理手順などを文書化する

07 ネットワーク管理者が 学習すべきこと

ネットワークの管理は、インターネットや通信・ネットワーク機器はもちろん、パソコンや周辺機器、セキュリティなど広範囲にわたります。どのような知識やスキルが必要かを押さえておきましょう。

● 勉強しておきたい基礎知識

　ネットワーク管理者は、複数の兼任者と連携しながら、さまざまなメンテナンスやトラブルなどに対応することになります。広範囲にわたるITの知識やスキルの中でも、とくにネットワークやインターネットの基礎、パソコンのハードウェアやソフトウェア、パソコン操作を中心としたリテラシー、パソコンやインターネットのセキュリティなどの知識を押さえておきましょう。

ネットワークの基礎

　LANやWANの概要から、ルーターやハブなどの通信・ネットワーク機器の種類と特徴、有線・無線LANの規格とそのしくみ、VPNを使って社外から社内ネットワークにアクセスする方法（26ページ参照）などを理解しておきます。とくに無線LANは技術の進歩が速いので、常に動向を把握しておく必要があります。

インターネットの基礎

　インターネットがつながるしくみから、IPアドレスやドメイン名の管理などを押さえておきましょう。そのほかにも、メールの送受信のしくみ、Webサイトとホスティング環境（80ページ参照）、クラウドの活用法などの知識が必要です。

パソコンのハードウェアやソフトウェア

　ネットワークに限らず、CPUやメモリー、HDDなどのパソコンのハードウェアについても理解しておきましょう。パソコンのハードウェアの知識があ

れば、パソコンが劣化して動作が不安定になったときや、パソコンが新しい技術や規格に対応していないときに発生するトラブルの対応に役立ちます。

　OSにも、常に新しい技術が組み込まれているので、ネットワークを構築する際は、できるだけ最新のOSを中心に構成し、その動作を確認しておきます。とくに無線LANに接続するときなどは、最新のOSほど操作性やセキュリティ性が改善されており、トラブルの軽減にもつながります。

　パソコンやスマートフォン、タブレット端末などには、最新のネットワーク技術が豊富に採用されています。その技術を学ぶことで、ネットワーク管理者に必要な知識やスキルも習得できます。

コンピューターリテラシー

　パソコンや周辺機器を使って業務を達成するスキルや、インターネットを使って情報を収集し、その情報の真偽を確かめ、情報を取捨選択するスキルを「コンピューターリテラシー」といいます。たとえば、プレゼンテーションの資料に使うデータを集めるときなどに、よくインターネットを活用しますが、データの出所が不明だったり、事実に反するデータである可能性もあります。そのような情報が混在している中から、最適な情報を見極めるスキルの重要性を理解しましょう。

セキュリティ

　セキュリティに関する知識は広範囲にわたりますが、身近な例としては、メールや外部記憶装置から浸入するウイルスの危険性があります。

　また、中小企業のネットワーク管理者は、ネットワーク上にどのような脅威があるかを把握しておく必要があります。それらの脅威から社内ネットワークを保護するしくみとして、ルーターやパソコンのファイアウォール、通信・ネットワーク機器や接続ソフトなどのユーザー認証やデータの暗号化、ネットワーク上の安全なプロトコル、ネットワークの監視方法などを知っておきましょう。

　その上で、社員のセキュリティ意識の向上に努めます。さらに、IDやパスワードを適切に管理し、オフィスやパソコンの設置場所などの物理的なセキュリティ対策をすることも重要です。

● 効率的な学習方法

　知識や技術は日々更新されているので、常に最新の情報を採り入れる必要があります。雑誌や関連サイト、メーカーのWebサイトなどをチェックしたり、展示会やセミナーに参加するなどして、情報を収集しながら最新の技術を習得します。

　とくに個人向けの通信・ネットワーク機器を開発しているメーカーのWebサイトでは、初心者向けのわかりやすい情報があります。インターネット上には、最新の情報がたくさん公開されていますが、信頼できるWebサイトを利用するように心がけます。セキュリティ分野では、情報処理推進機構（IPA）や警視庁サイバー犯罪対策などの公的機関のWebサイトにも、多くのわかりやすい資料や動画などが公開されています。

■情報処理推進機構 (IPA) の「情報セキュリティ」のWebページ (https://www.ipa.go.jp/security/)

● 日々の保守や管理に必要なスキル

　日々の保守では、パソコンや通信・ネットワーク機器などの導入、ネットワークの設定をしっかりと記録・管理することが大切です。その記録を更新しながら、ネットワーク管理者間で情報を共有します。

　過去の記録を管理することは、ネットワーク全体の「見える化」につながる大事な作業で、さまざまなトラブルの予測にも役立ちます。メンテナンス

が必要なパソコンや通信・ネットワーク機器などを記録しておき、入れ替えやバージョンアップを実施しましょう。

急なトラブルでは、ハードウェアの故障なのか、ソフトウェアやサービスの設定変更なのか、原因の切り分けが求められます。緊急を要する中で的確な判断をするには経験が必要です。パソコンやスマートフォンなどの操作中にトラブルが発生した際は、「なぜ目的の操作ができないのか」「なぜトラブルが発生したのか」と考える習慣を付けましょう。

トラブルの多くは、何らかの設定変更が原因で発生します。たとえば、ソフトウェア環境が変更されたか、何らかの設定変更がなかったかを確認します。ソフトウェアの変更がない場合は、ハードウェアの故障を疑います。このような切り分けと分析を適切に行うようにします。

● ネットワーク以外の大切なスキル

トラブルの発生時だけではなく、ネットワーク構築の段階でも社員どうしのコミュケーションは大切です。どのようなニーズがあるか、どのようにパソコンを操作しているかなどのヒアリングを行い、ネットワーク構築に役立てます。

コミュニケーションスキルとして重要なのは、相手の意見に耳を傾ける、相手と同じ立場で見る、いっしょに解決しようとするなど「聞き上手」であることです。信頼されることで、「ネットワーク管理は重要な業務」として認識され、日常のメンテナンス時やトラブル発生時などに社員の協力を得やすくなります。これがネットワークを使いやすくし、安定化につながります。

もちろん、トラブル発生時には、すぐに対応できる体制で迅速に行動します。ただし、スキルに不安があると、誰かに相談したり調べたりしてから行動するようになりがちです。さまざま知識やスキルを磨き、フットワークを軽くしておきましょう。

まとめ
- ネットワーク、パソコン、セキュリティの知識やスキルが重要
- ハードウェアやソフトウェアについて学ぶとITの理解に役立つ
- スキルはトラブル対応時のフットワークの軽さにもつながる

ネットワーク管理の引き継ぎで確認すべきこと

前任者がいる場合の引き継ぎでは、業務の流れや関係者、手順などがわかる資料を作成してもらい、引き継ぎ業務を行って理解します。文書化することで、今後の引き継ぎなどにも役立ちます。

● 前任者がいる場合の引き継ぎ

前任者がいる場合は、前任者に作成してもらったネットワーク管理の資料をもとに引き継ぎを行います。その際、とくに「過去のトラブルの記録」を中心にヒアリングしましょう。突発的なトラブルのほかに、くり返し発生しているトラブルは再発する可能性が高いので、その対応について十分に確認しておきます。

前任者に依頼する内容

□ 引き継ぐ内容を文書化して資料にしてもらう

□ 資料はわかりやすく簡潔な表現で作成してもらう（過去の資料に追記・修正したものでよい）

□ ネットワーク管理に関する業務の流れを簡潔に説明してもらう

□ ネットワークの保守やトラブル対応などの手順を丁寧に説明してもらう

□ 過去のネットワーク構築に関係した社内の担当者名や、社外の事業者名を明記してもらう

新任者が行うこと

□ 事前に知りたい内容を整理し、文書で依頼する

□ 手順などは、前任者といっしょに試してみる

□ パスワードやセキュリティに関する情報以外は、ほかのネットワーク管理者にも公開する

ネットワークの規模や経緯により、引き継ぎの工程は変わりますが、時間

に余裕があれば、複数回に分けて引き継ぎを行うとよいでしょう。1回の引き継ぎでは、あとから説明不足に気づいたり、新たに知りたいことが出てきたりする場合があるので、ネットワーク管理者として自立するまでの移行期間が必要です。

引き継ぎの際に作成した資料は、日常業務のネットワーク管理の資料として重要です。トラブル・作業報告書や企画書、報告書などといっしょに保管しておくと、将来の引き継ぎのマニュアルにもなります。

必要な引き継ぎ資料

☐ 社内 LAN 構成図
☐ パソコンや通信・ネットワーク機器などの管理記録（購入時期、ID、パスワードなど）
☐ インターネットやネットワークサービスの契約書類とユーザー設定情報
☐ 会社の Web サイトやメールなどの契約書類と設定情報
☐ 運用している業務システムやソフトウェアの設定、ID、パスワードなど
☐ ネットワークおよびセキュリティの管理方針
☐ トラブル報告書

● 前任者がいない場合の引き継ぎ

突然の事故や病気などで前任者がいない場合、まずは社内でネットワークについて知っていそうな人や社歴の長い人に過去のトラブルなどをヒアリングし、現在のネットワーク環境を調査していきます。

次に、契約先のサービス担当者の名前や連絡先、問い合わせ方法、対応時間などを確認します。その後、インターネットの出入口になるルーターを調べます。ルーターからネットワーク機器、パソコン、周辺機器などをたどっていきながら、社内LAN構成図を作成し、どのようにネットワークがつながっているかを確認します。

有線LANの場合は、LANケーブルとハブをたどっていけば、ネットワーク構成を確認できます。無線LANの場合は、親機を探し、親機のマニュアルを見て操作や設定の方法を確認します。親機にアクセスできれば、つながっている子機の情報がわかります。将来の引き継ぎ資料としても役立つように、作業中は必ずメモや記録を残し、あとで文書化しておきましょう。

パソコンや周辺機器がネットワークにどのようにつながっているかがわかれば、以降の作業は、実際のネットワーク環境の調査、ネットワークの運用方法やセキュリティの考え方のヒアリングなど、ネットワーク導入時と同じ手順になります。

■前任者がいない場合の引き継ぎ

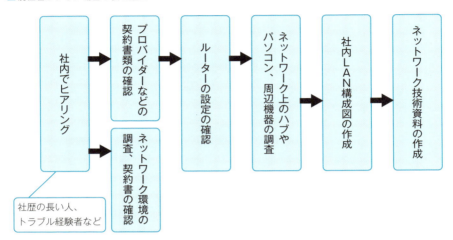

まとめ
- 知りたい内容を前任者に文書化してもらう
- 「過去のトラブルの記録」をヒアリングし、対応方法を確認する
- 前任者がいない場合はルーターから社内LAN構成図を作成する

第3章

サーバーの基本を知ろう

01 社内LAN上のサーバーを把握しよう

サーバーの設置場所は、社内、データセンター、インターネット上の3つから検討します。それぞれの形態と特徴を把握し、安全性を重視して選択しましょう。ファイル共有は便利な機能ですが、危険性もあることに留意します。

● サーバーの種類と設置場所

18ページで解説したように、パソコンからの要求によって処理（サービス）を行うサーバーは、用途に応じてさまざまな種類があります。たとえば、ファイルを共有するためのファイルサーバー、メールを送受信するためのメールサーバー、Webページを表示するためのWebサーバー、顧客データを取り扱う業務システムのサーバーなどがあります。

サーバーの設置場所としては、社内、データセンター、インターネット上（クラウド）の3つが考えられます。中小企業では一般的に、メールサーバーはいつでもアクセスできるクラウドに、Webサーバーはセキュリティ性の高いデータセンターに設置するのが一般的です。そして、業務システムのサーバーは安全のために、社内ネットワークの中で運用します。

● 社内にサーバーを設置する場合

社内にサーバーを設置する場合は、ハードウェアやソフトウェアなどを購入し、運用から管理までを社内で行う必要があります。とくに外部から社内ネットワークを守るファイアウォールの設定は必要不可欠です。さらに、そのための知識やスキルが必要になり、維持管理のコストもかかります。

このため、すべてのサーバーを社内で運用するのは、費用対効果が小さく、一般的ではありません。たとえば、メールなどはクラウドのメールサーバーを使うほうが手軽です。Webサイトもホスティングのサーバーを使うほうが、更新などをかんたんに行えます。社内に設置するのはファイル共有と業務システム用のサーバーだけという場合がほとんどです。

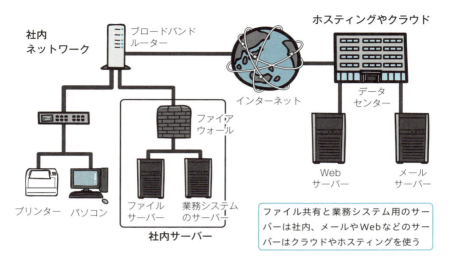

■ サーバーの使い分け

社内
ネットワーク

ブロードバンド
ルーター

ホスティングやクラウド

データ
センター

インターネット

ファイア
ウォール

Web
サーバー

メール
サーバー

プリンター　パソコン

ファイル
サーバー

業務システム
のサーバー

社内サーバー

ファイル共有と業務システム用のサーバーは社内、メールやWebなどのサーバーはクラウドやホスティングを使う

　社内に設置する場合は、まずオフィス内にサーバーの設置場所を確保し、目的に応じてネットワーク環境や電源設備などを準備します。また、情報漏えいを発生させないためのアクセス制限や、設置場所への入室制限、地震や停電などへの安全対策など、十分な対策が必要です。さらに、顧客データなどを保護するために、バックアップ対策も考えておきましょう。

社内にサーバーを設置するメリット

☐ サーバーの台数やハードウェアの仕様などを自由に設定できる

☐ 業務系のサーバーは専門の技術者が常駐していなくても構築しやすい

☐ 運用事例が豊富にあり、運用方法を容易に参照できる

☐ 社内環境だけなので、セキュリティ対策を構築しやすい

● データセンターにサーバーを設置する場合

　「ホスティング」とは、専用の通信回線やインターネット回線を経由し、社外のデータセンターでサーバーを運用する方法です。より安全に運用するためには、社内ネットワークからVPN（26ページ参照）でデータセンターに接続する方法もあります。サーバーの通信回線などの設置や、サーバーの運用管理、OSの更新作業などは、データセンターの技術者が担当します。

データセンターには、サーバーやネットワーク機器などを安定して稼働させる設備が整っています。通常のオフィスビルと比べ、地震や火災などの対策も十分にとられており、設備を管理する技術者も常駐しています。また、データセンターへの出入口は、高水準のセキュリティ性が保持されています。

データセンターの利用方法の種類

- ☐ 自社のサーバーを預け、自社で管理する
- ☐ 自社のサーバーを預け、データセンターに管理を委託する
- ☐ サーバーを預けずに、データセンターのレンタルサーバーを使う
- ☐ バックアップ用としてデータセンターのサーバーを使う

データセンターのメリット

- ☐ 電源や空調などの安定した環境でサーバーを運用できる
- ☐ サーバーの台数などを拡張するスペースがある
- ☐ ネットワークやサーバーなどの管理を技術者へ委託できる
- ☐ 災害時の対策が十分にとられている

● クラウドのサーバーを利用する場合

インターネット回線を使ったクラウドのサーバーを利用することもできます。クラウドの特徴はサービスの自由度が高いことです。接続方法はデータセンターと似ていますが、社内ネットワークをすべてクラウドへ移行する方法や、クラウドと社内ネットワークを混在させる方法があります。

クラウドは、ホスティングと比べて知識やスキルを必要とせず、クラウド事業者のサポートを受けながらサーバーを利用できます。社内に技術者がいる場合でも、いつでも必要に応じてサーバーを構築でき、あたかも社内にサーバーがあるかのように運用できるクラウドは便利です。

クラウドのメリット

- ☐ 用途に合わせて、データの容量や運用方法などを選択できる
- ☐ さまざまなサービスや業務ソフト、技術サポートなどが提供される
- ☐ 災害時でもクラウドの拠点にデータがバックアップされている

利用方法	内　容
クラウドで サーバーを構築	クラウドでサーバーのOSを選択し、社内サーバーと同じように OS をインストールします。CPU やメモリー、データの容量などを 自由に選択でき、運用中の仕様変更も可能です。
クラウドの サービスを利用	サーバーを構築するのではなく、ファイル共有などクラウドのサ ービスを利用してデータを送受信する方法です。さまざまなサー ビスが提供されています。
クラウドに バックアップ	さまざまな事業者がサーバーのバックアップサービスを提供して います。バックアップツールや支援ソフトも充実しています。

- **すべてのサーバーを社内に設置するのは費用対効果が小さい**
- **サーバーの設置場所として、データセンターは優れた環境である**
- **クラウドを利用すると、社内サーバーのような環境を構築できる**

02 サーバーのOSを知ろう

サーバーのOSとして、主にWindows ServerとLinuxが使われていますが、その違いや目的、ライセンス形態などを理解しましょう。小規模のネットワークでは、運用管理の容易なサーバーOSを選択しましょう。

● サーバーのOSを知る

　サーバーにはさまざまな種類がありますが、サーバーのOSによって使い分けることもできます。小規模のネットワークであれば、ファイル共有やグループウェアなどのサーバーは、一般的なパソコンを流用すれば十分です。メールサーバーやWebサーバーは、クラウド上のサーバーがよく利用されますが、ホスティング事業者などが使うサーバーのOSは主にLinuxです。Linuxで構築したサーバーの場合、ネットワーク管理者の負担は大幅に軽減されます。

　10名以上の規模のネットワークで、データベースを活用した業務システムを運用する、ネットワーク上のユーザーを厳重に管理するなどの目的がある場合は、社内にWindows Serverの導入を検討しましょう。

● Windowsのサーバー

　Windowsパソコンもファイルサーバーとして使えますが、さまざまな制限があります。たとえば、Windows 10/8.1/7では、ファイルを共有できるユーザー数が「20ユーザー」に限られています。ユーザー数は、パソコンを使う個人ユーザーのほかに、ネットワーク上のサービスを実行するために使われるシステム内部のユーザーもあるので、10ユーザー前

■ユーザーライセンスの考え方

Windowsによる
パソコン

サーバーとして
利用する場合

21ユーザー以上は
ファイル共有を行う
ことができない

○ ○ ×

1ユーザー　　20ユーザー　　21ユーザー

後を目安とするのが確実です。それ以上の規模ではWindows Serverを導入します。

● Windows Serverの特徴とメリット

Windows Serverは、1993年にリリースされた「Windows NT Advanced Server version 3.1」が最初の製品です。その後、Windows Serverは数年ごとにバージョンアップされて改良が加えられ、複数のサーバーとの連携が可能になり、長時間の安定運用ができるようになりました。Windows Serverは一般のWindowsと似た画面設計なので操作しやすく、サーバーに必要な機能がWindowsに組み込まれているような環境といえます。

Windows Serverは、パソコンのユーザー情報などを管理でき、ファイルの共有を行うときは、ユーザー名やグループ名を管理できます。

プリントサーバーとして使うときも、ほとんどのプリンターにWindows Server用のドライバーソフトがあり、導入や設定が容易です。さらに、Windows Server対応のハードウェアや周辺機器も豊富にあります。

Windows Serverの修正プログラム（パッチ）やOSの更新作業などは、一般のWindowsと同様です。ただし、Windows Serverの場合、サーバーのライセンスとは別に、サーバーに接続するユーザーのライセンスである「クライアントアクセスライセンス（Client Access License：CAL）」も必要になります。なお、Windows Server 2016では、サーバーの処理能力をもとにしたコア単位のライセンスが採用され、接続できるユーザー数やデバイス数に

■Windowsサーバーの CAL

サーバーライセンス

クライアントアクセス
ライセンス（CAL）

サーバーライセンスとクライアントアクセスライセンス（CAL）が必要になる

●接続デバイス&ユーザー数モード デバイスCAL

１台のパソコンを
複数のユーザーが使用

パソコン　　　　　　　　　　サーバー

●接続デバイス&ユーザー数モード ユーザーCAL

１人のユーザーが
複数台のパソコンを使用

サーバー

パソコン

制限がなくなります。このため、CALを取得する必要もありません。

　CALは、サーバーへの接続方法によって種類が異なります。具体的には、サーバーに接続するパソコンごとのデバイスライセンス（デバイスCAL）と、パソコンを利用するユーザーごとのユーザーライセンス（ユーザーCAL）がサーバー上で必要になります。

　ユーザーライセンスの接続方法には、「接続デバイス&ユーザー数モード」と「同時接続モード」の２つがあります。１台のパソコンを複数のユーザーで共有し、パソコンの台数よりユーザー数が多い場合は、サーバーに接続するデバイス単位でCALを使う「接続デバイス&ユーザー数モード デバイスCAL」を選択するとよいでしょう。反対に、１人のユーザーが複数台のパソコンを利用し、ユーザー数よりパソコンの台数が多い場合は、サーバーに接続するユーザー単位でCALを使う「接続デバイス&ユーザー数モード ユーザーCAL」を選択します。また、サーバーの利用頻度が低いときや、サーバーを利用するユーザーやパソコンが限定されるときは、１台のサーバーに対し、事前に決めた接続するパソコンやユーザーの数をCALとして使う「同時使用ユーザーモード」を選択します。

● Linux OS のサーバーの特徴とメリット

　Linuxは無料で使えるサーバーOSとして、Webサーバーやメールサーバーをはじめとして、さまざまなサーバーで使われています。たとえば、ファイル共有にはWindowsのファイル共有と同じ機能をサポートしているプログラム（Samba）を利用し、Windows Serverのかわりとすることができます。最新のLinuxでは、Windowsと似たユーザーインターフェイスが採用され、サーバーの管理も容易になっています。

　LinuxはOSのプログラムである「ソースコード」が公開されており、知識があれば誰でもカスタマイズして利用できます。ほかのOSに比べ、低スペックのパソコンでも軽快に動作し、ルーターやNASをはじめ、さまざまなネットワーク機器にも組み込まれています。また、ネットワーク運用やセキュリティの機能が優れており、動作も安定しています。そのメリットを生かし、必要な機能だけを組み合わせたサーバーOSもあり、データセンターやクラウドサービスで頻繁に使われています。

　Linuxには、ライセンス料が無料の製品と、さまざまな機能やサービスなどが付加された有料のパッケージがあります。サーバーに使われている主なLinuxには、「Debian GNU/Linux」「Ubuntu」「Red Hat Enterprise Linux」「CentOS」などがあります。

まとめ
- パソコンが10台以上の環境であればWindows Serverを使う
- Windows ServerのCALのしくみを理解する
- Linuxはカスタマイズが容易で、多くの分野で利用されている

用語解説

◉ Samba（サンバ）

　LinuxなどのOS上で、Windowsのファイル共有に相当する機能や、クライアントからの印刷要求を処理するプリントサーバーの機能を実現するソフトウェア。Linuxと同じように無料で使える。

データセンターについて知ろう

データセンターにサーバーを預けたり、データセンターが提供するサーバーを使ったりすることで、サーバー運用のコストを軽減できます。サーバー管理のコストなどを考え、データセンターの利用を検討しましょう。

● データセンターの役割

データセンターとは、インターネットへの接続やソフトウェア・サービスの運用などで必要なサーバー、データの保存設備などを設置・管理することに特化した建物の総称です。インターネット上のさまざまなサービスは、世界中のデータセンター内のサーバーが相互に通信することで実現していると言っても過言ではありません。

データセンターでは、サーバーを設置する環境の提供（ハウジング）のほか、自らが用意したサーバーまたはサーバーの機能・サービスの提供（ホスティング）などの事業を行っています。

■ データセンターの役割

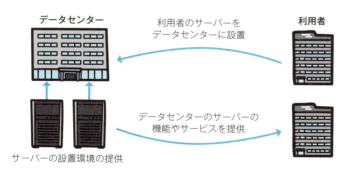

データセンター　　　利用者のサーバーを　　　利用者
　　　　　　　　　　データセンターに設置

サーバーの設置環境の提供

データセンターのサーバーの
機能やサービスを提供

● データセンターのセキュリティ

　データセンターでは、空調機器や電源設備などが最適な状況下で、サーバーなどが管理されています。そのため、サーバーの停止などの不具合などが起こりにくく、社内で管理するよりも安全に利用できます。データセンターによっては、定期バックアップなどのサービスを提供しているところもあります。また、耐震性や防水性などに優れた設備環境が保持されており、災害が発生しても機器の破損を防ぐことができます。さらに、停電時でも自家発電設備で稼働できるように設計されている場合もあります。

　入退室管理や監視体制なども徹底されており、不正な行動がないように、複数のセキュリティ設備によって厳重に守られています。また、トラブルが発生しても、知識やスキルを備えた専門の技術者が対応するので、迅速な復旧が可能です。

● データセンターはコスト面でも優れている

　データセンターのサーバーや通信・ネットワーク機器などを利用すれば、自社でハードウェアやソフトウェアなどを購入する必要がないので、コストを抑えられます。また、データセンターの設備環境とセキュリティを利用できるので、社内で管理するより安全に運用できます。ハードウェアの保守やソフトウェアの更新などは、データセンターの技術者が行うので、ネットワーク管理者の手間がかかりません。

　複雑な設定を必要とする機能を使いたい場合や、より安全な環境でサーバーを運用したい場合は、コスト的にも有利なデータセンターを利用するのがよいでしょう。

まとめ
- データセンターはサーバーを預けたり機能を使ったりできる建物
- データセンターは設備環境とセキュリティが万全
- 複雑な設定や高度の安全性が必要な場合はデータセンターを使う

ホスティングサービスを利用しよう

ホスティングサービスには、共有のサーバーを使う方法と、独占してサーバーを使う方法の2通りがあります。それぞれの特徴とメリットを理解し、目的に応じてサーバーを使い分けましょう。

● ホスティングとハウジングの違い

71ページでは、社外にサーバーを設置する方法として、データセンターにホスティングする方法を解説しました。ここではホスティングについて詳しく解説していきます。

ホスティングとは

ホスティングとは、プロバイダーやデータセンターの事業者が、サーバーの機能を貸し出すサービスです。サーバーの機能としては、ファイル共有やインターネット上の住所にあたるドメイン名の管理、データベースの利用などがあります。

ホスティングサービスのメリットは、社内にサーバーを設置するよりコストが安いことです。たとえば、社内でサーバーを運用すると、電気料金や設置スペースの空調、防塵、防音などの費用が発生します。さらに、設置や運用の手間を考えると、トータルではホスティングを利用するほうが安く済みます。

ハウジングとは

ホスティングに似たサービスで、利用者のサーバーや通信・ネットワーク機器などをデータセンターに設置し、専門の事業者が預かるのがハウジングです。数台以上のサーバーを社内に設置するスペースや設備がない場合などに利用されます。

ホスティングに比べ、サーバーの設置から管理までを利用者が行う必要があるので、サーバー管理のための知識やスキルが必要になります。

■ ホスティングとハウジングの違い

●ホスティング

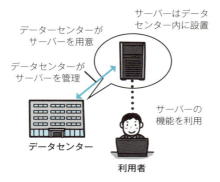

データーセンターが
サーバーを用意

データセンターが
サーバーを管理

サーバーはデータ
センター内に設置

サーバーの
機能を利用

データセンター

利用者

●ハウジング

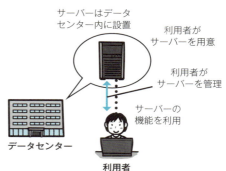

サーバーはデータ
センター内に設置

利用者が
サーバーを用意

利用者が
サーバーを管理

サーバーの
機能を利用

データセンター

利用者

● 2種類のホスティングサービス

　ホスティングサービスのサーバーの運用形態としては、複数の利用者でサーバーを共有する「共有ホスティング」と、単独の利用者がサーバーを専用で使う「専用ホスティング」があります。共有ホスティングで独自のドメインの運用ができる場合を「レンタルサーバー」ともいいます。

　システムやネットワークなどの管理は、共有ホスティングではホスティング事業者が行います。専用ホスティングでは、ある程度はホスティング事業者が行いますが、基本的には利用者が行います。

共有ホスティングの特徴

　ホスティング事業者がサーバーと設置スペースを管理するので、社内に専門の技術者がいなくても安心して利用できます。また、メール、データベース、グループウェア、バックアップ、セキュリティなどのさまざまなオプション機能も用意されており、小規模のネットワークで利用されています。

　ただし、サーバーのCPUやメモリーなどをほかの利用者と共有するので、処理できるデータの容量などに制限があり、ほかの利用者の影響を受けることがあります。また、サーバーの環境によっては、使えるソフトウェアが決められている場合もあるので、事前にソフトウェアの動作環境などを確認しましょう。

■共有ホスティングのしくみ

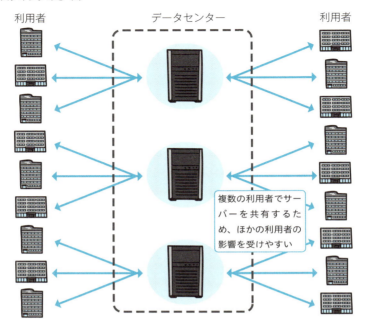

利用者　　　　　　　　データセンター　　　　　　　利用者

複数の利用者でサーバーを共有するため、ほかの利用者の影響を受けやすい

■共有ホスティングの特徴

提供形態	利用料	カスタマイズの可否	性能や障害
1台のサーバーを複数の利用者（利用会社）が共有する	安価（月額数百円から）	ほとんどできない	ほかの利用者の影響を受ける

専用ホスティングの特徴

　サーバーや通信・ネットワーク機器などのハードウェアの仕様を選択でき、サーバーの機能をすべて利用できます。通信環境やサーバーのハードウェア、OSなどは、ホスティング事業者に管理を委託することも可能です。なお、コストは共有ホスティングに比べて高くなります。

● 共有ホスティングの利用方法

　2種類のホスティングサービスのうち、共有ホスティングは低コストで導入しやすいので、ネットワーク管理者のいない中小企業などを中心に広く活用されています。ただし、共有ホスティングはサーバーを共有するので、利

用者が個別に環境を変更するなどのカスタマイズができません。サーバーの機能も、ホスティング事業者が設定したものを利用するだけで、機能が制限されています。共有ホスティングは、これらの点を考慮したうえで、適切な目的に利用しましょう。

共有ホスティングに向くサーバー

□ メールサーバー（迷惑メール対策などの機能を含む）
□ メーリングリストのサーバー
□ Web サーバー
□ グループウェアサーバー
□ ファイルサーバー
□ データベースを活用したサーバー

共有ホスティングに向かない使い方

□ 独自開発およびカスタマイズを前提としたシステム
□ 新しい技術を採用した Web サイト
□ CPU やメモリーを多く消費する Web サイトやシステム
□ セキュリティを重視した、個人情報などを取り扱う業務システム
□ 動画などの大容量のデータを取り扱う業務システム

ホスティング事業者には、さまざまな機能を総合的に提供している事業者と、特定の機能だけに特化して提供している事業者があります。目的やコスト、使い勝手などを検討し、適切な事業者を選択しましょう。とくにグループウェアなどは、事業者によって使いたいソフトウェアをサポートしていない場合があります。ファイル共有も、操作方法や容量などが異なり、ファイル共有に特化した事業者のサービスのほうが優れていることがあるので、使い分けが必要です。

まとめ
● 共有ホスティングは、コストは安いが自由度が低い
● 専用ホスティングは、自由度が高いかわりにコストが高い
● 目的に応じて機能ごとにホスティング事業者を使い分ける

05 ファイルサーバーの役割を知ろう

ファイルサーバーは、社内でデータを共有することを目的としたサーバーです。ファイルサーバーの主な特徴とメリットを把握し、共有フォルダーの作成方法やアクセス権限の設定、データの管理方法などを押さえておきましょう。

● ファイルサーバーの役割

　ファイルサーバーは、さまざまなデータを共有するためのサーバーです。あるユーザーがサーバーにデータを保存すると、ほかのユーザーがネットワーク経由でデータにアクセスできるようになります。ユーザーが誤ってデータの削除や上書きを行うことがないように、ユーザーごとにアクセス制限（48ページ参照）を設定し、安全にデータを共有できます。

　また、重要なデータをファイルサーバーにコピーしておけば、データのバックアップ先としても活用できます。

■ ファイルサーバーの概念

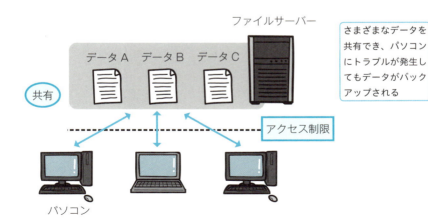

ファイルサーバー

データA　データB　データC

共有

さまざまなデータを共有でき、パソコンにトラブルが発生してもデータがバックアップされる

アクセス制限

パソコン

なお、小規模のネットワークでは、パソコンで共有フォルダーを作成し、ファイルを共有するという方法も一般的です（56ページ参照）。また、ファイル共有の機能に特化したNASは導入や運用が容易で、パソコンよりも消費電力が少なく、大容量のHDDが使えるというメリットがあります。

● ファイルサーバーによるデータの一元管理

　ファイルサーバーを使うと、データを一元管理できます。サーバーのデータを常に最新にしておけば、すべてのユーザーが最新のデータを参照しやすくなり、情報共有がスムーズになります。たとえば、最新版があるのを知らずに古いデータを使ってしまったといったミスも防止できます。ファイルサーバーで古いデータを保管すれば、各ユーザーのパソコンのHDDの容量を節約できます。

　また、身近なところでは、USBメモリーなどの媒体を使わなくてもかんたんにデータをやり取りできるというメリットもあります。

■ファイルサーバーによるデータの一元管理

複数のユーザーが同時にアクセスすると？

　共同で作業するときには、複数のユーザーが同じファイルに同時にアクセスしてしまうことがあります。その場合は、あとからアクセスしたユーザーに「編集中です。コピーして開きますか？」などのメッセージが表示されます。先にアクセスしたユーザーの作業が終了するのを待ち、あとから再度アクセスを試みます。

● ファイルサーバーの利用方法

　ファイルサーバーには、ファイル共有のためのフォルダーを作成し、ユーザーやグループごとにアクセス権限を設定します。アクセス権限には、ファイルを開いて更新できる「読み書き自由」、ファイルを開けるが更新できない「読み込みのみ」、フォルダーにアクセスできずファイルも開けない「アクセス不可」の3種類があります。

　ファイルサーバー内のフォルダーは、業務や組織などに合わせた階層構造にすると使いやすく、管理も楽になります。

■階層化された共有フォルダー

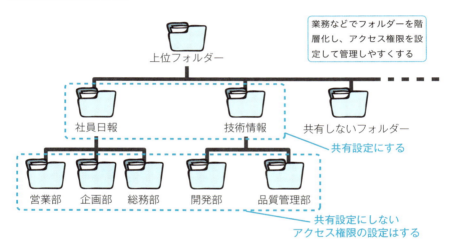

　ファイルサーバーにも故障の危険性があります。重要なデータを保護するためには、バックアップは必須です。もっとも手軽な方法は、十分な容量のあるHDDにファイルサーバーのデータをコピーし、バックアップデータを作成することです。HDDのかわりに、ネットワーク経由で遠隔地のバックアップサーバーを利用したり、クラウド上のサービスを利用するなどの方法もあります。突然の故障にも対応できるように、定期的にバックアップを行うことが大切です。

● ファイルサーバーのOS

Windows系の場合は、パソコンにインストールされたWindows、または Windows Server上に共有フォルダーを作成し、アクセス権限を設定します。Windows Serverで共有フォルダーを作成するには「サーバーマネージャー」という管理ツールを使うと便利です。

Linuxの場合は、Windowsと同じ機能が「Samba（サンバ）」というソフトウェアで利用できます（77ページ参照）。SambaはほとんどのLinuxに標準で搭載されており、共有フォルダーやアクセス権限の設定は、設定用のファイルを編集することで行います。LinuxはWindowsに比べてOSが軽快なので、低スペックのパソコンでも活用できます。

■ Windows Server のサーバーマネージャー

共有フォルダーの容量制限、保存ファイルの種類やアップロード制限などをかんたんに設定できる

まとめ
- ファイルサーバーは運用の目的に合わせ、アクセス権限を設定する
- サーバーを使うとデータを一元管理でき、データ量も削減できる
- WindowsとLinuxはどちらもファイルサーバーとして使える

Webサーバーの
役割を知ろう

Webサイトは企業にとって必要不可欠な情報発信ツールですが、Webサイトを公開するためにはWebサーバーが必要になります。Webサーバーを安全に運用するために、特徴とメリットを理解しておきましょう。

● Webサーバーの役割

　Webサーバーは Web ページを表示するためのサーバーです。パソコンのブラウザに入力した Web ページの URL をもとに、インターネット上でその Web ページを管理している Web サーバーとドメイン名を探し、接続します。Web サーバーはパソコンからの要求により、Web ページの文字や画像などをダウンロードさせ、Web ページを表示させます。

　Web ページ上には、文字や画像、動画など、さまざまなデータが存在します。それらのデータは、「HTML」という言語を使い、色を変えたり画像を読み込んだりして表示されます。また、文字や画像などをクリックすると別のWeb ページへ移動する「リンク」の機能も設定されています。このようにWeb ページはさまざまな機能を使って構成されています。

■Webページが表示されるまでの流れ

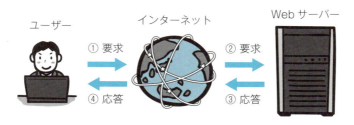

ユーザー　　　　インターネット　　　Web サーバー

① 要求　　　② 要求

④ 応答　　　③ 応答

インターネットを経由してWebサーバーにアクセスし、HTMLや画像などのファイルを読み込んでWebページが表示される

画像ファイル　　HTML ファイル

サーバーのコンピューターのほか、HTMLで記述されたファイルを管理するプログラムもWebサーバーと呼ばれます。そのプログラムを基盤に、さまざまな応用のプログラム（Webアプリケーション）が実行されます。

> **Webサーバーの主な機能**
>
> □ パソコンのブラウザからの要求を受信し、返信する通信機能
> □ ユーザーの操作などに応じて、動的にコンテンツを送信する機能
> □ さまざまな外部プログラムを実行する機能

● Webサーバーのパフォーマンスと安定性

Webサーバーには、Webページにアクセスが集中しても対応できるように、十分なパフォーマンスが必要とされます。また、いつでもきちんとWebページが表示されるように、連続で運用しても障害が発生しない安定性が求められます。

会社のWebサーバーとしては、データセンターやクラウド上のサーバーを使うのが一般的ですが、社内に設置して活用することもできます。社内に設置すると、Webサイトを公開するほかに、社内の業務システム用のサーバー

■Webサーバーに発生しやすい問題

●パフォーマンスの低下

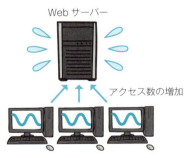

Web サーバー

アクセス数の増加

アクセスが集中してWebページの表示が遅くなる

利用者

●安定性に欠ける

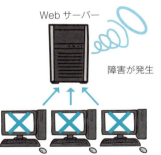

Web サーバー

障害が発生

WebサーバーがダウンしてWebページが表示できなくなる

利用者

としても利用できます。Webサーバーの多くは、パソコンのブラウザからアクセスし、管理者のアカウントとパスワードを使ってログインして管理します。特別なソフトウェアは不要なので手軽です。

　Webサーバーに使われる主なプログラムは、フリーソフトの「Apache（アパッチ）」とMicrosoftの「IIS」です。いずれもWindowsやLinuxで稼働し、入門書も豊富です。ほとんどの場合、レンタルサーバーではApacheが使われています。

● Webサーバーのセキュリティ

　Webサーバーを使ってWebページを表示するには、データセンターなどにWebサーバーを設置するか、ホスティングやクラウド（73ページ参照）のWebサーバーを利用します。社内でWebサーバーを運用する場合は、設定などが変更されないように、管理者権限の扱いに注意します。

　Webサイトを管理するときは、Webコンテンツの更新やWebサイトのメンテナンスなど、さまざまな場面でインターネットにアクセスします。Webサーバーのデータを安全に管理できるように、送信データの漏えい防止やアクセス制限など、セキュリティ対策を万全にする必要があります。

　以下に挙げるWebサーバーの主なチェック項目のうち、ログ（Webサーバーの動作の記録）をとっておくことはとくに重要です。技術者に相談する際に、ログをもとに説明すれば、状況の理解が容易になります。

Webサーバーの主なチェック項目

□ OSやプログラムなどが最新のバージョンになっているか
□ 安全なパスワードを使っているか
□ ログをとっているか
□ ファイアウォールが正しく設定されているか　など

　レンタルサーバーなどでは、ホスティング事業者側で事前にセキュリティ対策を実施しています。利用する前に、どのようなセキュリティ対策が実施されているか、OSやプログラムなどが最新のバージョンか、過去のメンテナンス履歴はどうかなどを確認します。会社の取引先や出入り業者などの中に、同じレンタルサーバーを使っている利用者がいれば、相談してみるのもよいでしょう。

■共有のレンタルサーバーの管理画面の例

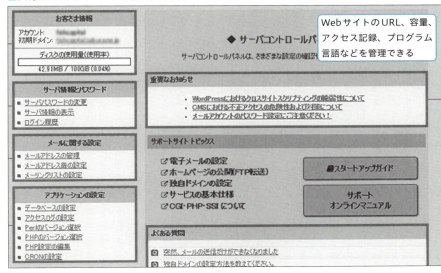

WebサイトのURL、容量、アクセス記録、プログラム言語などを管理できる

まとめ

- Webページが表示されるしくみとHTMLの役割を理解しておく
- Webサーバーは十分なパフォーマンスと安定性が大切
- Webサーバーを運用・管理する際はログを確認する

用語解説

⊙ IIS

　Microsoft Internet Information Servicesの略称で、Windows標準のWebサーバーのサービス。Windows Serverで広く使われている。

メールサーバーの役割を知ろう

業務で日常的に使うメールは、メールサーバーを経由して送受信が行われます。メールを送信したり受信したりできるしくみを理解し、メールのトラブルに対応できるようにしておきましょう。

● メールの送受信のしくみ

　メールとは、インターネット上の郵便のようなもので、文字や画像、ファイルなどの情報をユーザー間で交換するためのものです。メールを送信するには、住所にあたるメールアドレスの情報をもとに、インターネット上で複数のメールサーバーを経由しながら、指定したメールアドレスが登録されているメールサーバーまで届けられます。

　インターネット上のサーバーにはIPアドレス（23ページ参照）が割り当てられています。メールを送信すると、送信元のメールサーバーは、メールアドレスの@マーク以下の「ドメイン名」をもとに、そのドメイン名を管理しているサーバーを探します。そして、送信先のサーバーのIPアドレスを取得し、そのサーバーにメールを届けます。

■ メールの送受信のしくみ

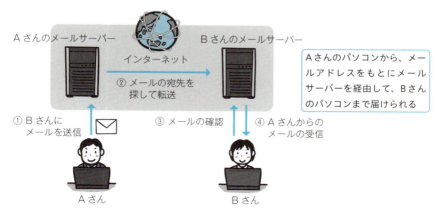

A さんのメールサーバー　　　　B さんのメールサーバー

インターネット

② メールの宛先を探して転送

A さんのパソコンから、メールアドレスをもとにメールサーバーを経由して、B さんのパソコンまで届けられる

① B さんにメールを送信　　③ メールの確認　④ A さんからのメールの受信

A さん　　　　　　　　　B さん

「メールクライアント（メールソフト）」は、自分のメールアカウントの情報が登録されているメールサーバーに接続し、メールサーバーの受信箱にある自分宛のメールをダウンロードして受信します。

● メールの送受信で使われるプロトコル

メールを送信したり受信したりするためには、メールサーバー間でデータをやり取りできるように、それぞれ送信用と受信用のプロトコル（12ページ参照）を使う必要があります。代表的なものとして、送信用のプロトコルに「SMTP」、受信用のプロトコルに「POP3」「IMAP」があります。

■メールで使われるプロトコル

SMTP（エスエムティーピー：Simple Mail Transfer Protocol）	メールの送信時や、メールサーバー間でのメールの転送時に使われる。
POP（ポップ：Post Office Protocol）	メールの受信で使われる。メールサーバーに保存されているメールをすべてダウンロードし、メールクライアント側で管理する。
IMAP（アイマップ：Internet Message Access Protocol）	メールの受信で使われる。メールをメールクライアント側でダウンロードせず、メールサーバー上で管理する。

■POPとIMAPの違い

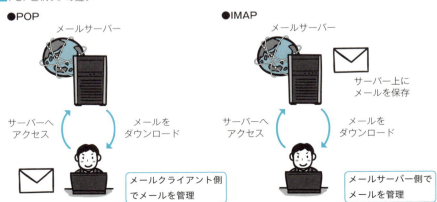

●POP　メールサーバー
サーバーへアクセス　メールをダウンロード
メールクライアント側でメールを管理

●IMAP　メールサーバー
サーバー上にメールを保存
サーバーへアクセス　メールをダウンロード
メールサーバー側でメールを管理

● メールサーバーの役割

　メールサーバーは、大きく分けてメールの「受信機能」と「送信機能」で構成されています。メールサーバーには、1台のサーバーに両方の機能を担わせる場合と、別のサーバーにそれぞれの機能を担わせる場合の、2つの運用方法があります。

受信機能

　登録されているユーザー（アカウント）宛てのメールを受信して、保管する機能です。メールが溜まりすぎて受信できない状態のときには、送信者に通知されます。また、メールアドレスが削除されていたり、メールアドレスが間違っていたりする場合にも通知されます。さらに、設定されている容量を超えた添付ファイルを受信しないようにする機能もあります。セキュリティ面では、第三者が勝手にメールを受信しないように、暗号化して本人確認を行っています。

送信機能

　メールアドレスをもとに、送信先のメールサーバーへメールを送信する機能です。送信するメールサーバーにより、たとえば送信元のドメイン名やIPアドレスを識別し、第三者による無関係なメールの送信を防止する機能があります。また、迷惑メール対策として、1人のユーザーが一度に送信できるメール数が制限されている場合もあります。

　そのほか、エラーなどを含め、メールサーバーはすべての送受信を記録しています。障害時にはその履歴をもとに技術者に確認します。

● サーバーのメールの削除と保存

　メールサーバーの受信機能では、メールクライアントがメールを受信したあと、サーバー上のメールを削除するか、そのまま保存するかを選択できます。

■受信後にサーバーのメールを削除する流れ

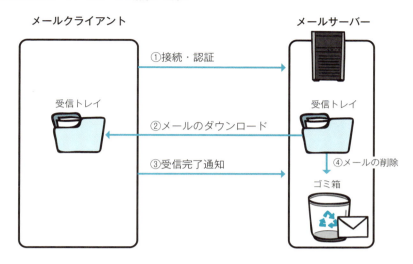

メールクライアント　　　　　　　　　　　　　　メールサーバー

①接続・認証

受信トレイ　　　　　　　　　　　　　　　　受信トレイ

②メールのダウンロード

③受信完了通知　　　　　　　　④メールの削除

ゴミ箱

受信後にサーバー上のメールを削除する

　会社のメールサーバーでは、メールの受信後はサーバー上のメールを削除する設定にしておくのが一般的です。これには、サーバー上に溜まるデータの容量を軽減できるというメリットがあります。受信後は、パソコンなどのメールクライアントでメールを管理します。

受信後にサーバー上にメールを保存する

　メールクライアントがメールを受信しても、サーバー上にメールを保存しておく設定です。パソコンや携帯端末でメールを受信し、「未読」「既読」「削除」などを一元管理したいときに便利です。さらに、パソコンが故障しても、ある程度の期間まではメールが保存されるので、別のパソコンや携帯端末で確認することが可能です。

　一般的に、ブラウザで送受信するメールサーバーは、このしくみが標準になっています。

■ 受信後にサーバーにメールを保存する流れ

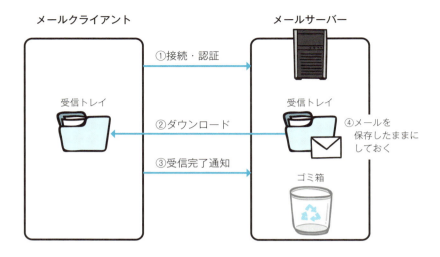

● メールサーバーの設置場所

　小規模のネットワークでも、社内でメールサーバーを運用するには、メールサーバーの運用経験のある技術者が必要です。高度な知識とスキルが求められるので、一般的にはホスティングを利用します。

　また、GoogleやYahoo!などのブラウザ上でメールを送受信できるWebメールのサービスでは、会社のドメイン名を使ったメールを利用できます。たとえば、Gmailに会社のドメイン名を設定することもできます。Gmailに会社のドメイン名を設定できる「Google Apps for Work」は、無料で30日間の試用ができますが、それ以上使い続けたい場合は有料のプランが用意されています。

　スマートフォンやタブレット端末では、パソコンのようなメールクライアントではなく、迷惑メール対策が充実したWebメールもよく使われます。なお、これらの端末で標準搭載されていることが多いGmailアプリは、最近はIMAPだけではなくPOP3にも対応するようになり、会社のメールも利用しやすくなっています。

● メールサーバーのOSとソフトウェア

メールサーバーを社内で運用する場合、サーバーのOSとしてはWindows ServerやLinuxを使います。

Windows Serverの場合、小規模のメールサーバーには、受信や送信の機能ごとにたくさんのソフトウェアがありますが、「Exchange Server」は信頼性が高く、受信と送信の両方の機能が含まれているので便利です。操作はWindowsと似ていますが、設定を行うには専門的な知識とスキルが必要です。

Windows Serverでも、メールサーバーのソフトウェアをインストールすればメールサーバーとして使えます。ただし、迷惑メールやセキュリティ対策が複雑で、メンテナンスも大変です。Exchange Serverは、その対策が含まれた環境を提供しているのでお勧めです。

Linuxの場合、送信サーバーとしては「Postfix」が有名です。Postfixに対応した受信サーバーをインストールし、設定ファイルでドメイン名やセキュリティの設定を行えば、メールの受信も可能です。メールアドレスの追加も、ブラウザから行えるソフトウェアがあります。

迷惑メール対策のしくみ

迷惑メール対策としては、フィルタリングサービスがよく使われています。メールサーバーと連携し、プロバイダー側で不要なメールを振り分けてくれます。迷惑メールと判断されたメールには、件名欄に「SPAM」などの文字を追加するといった機能もあります。

まとめ
- メールの送信ではSMTP、受信ではPOPまたはIMAPが使われる
- 専用のメールクライアントとブラウザで送受信するものがある
- 管理者のスキルを考えてホスティングのメールサーバーを利用する

グループウェアサーバーの役割を知ろう

グループウェアを使えば、社内の情報共有や業務効率化に役立ちます。コミュニケーション機能やファイル管理機能、スケジュール機能など、さまざまな機能を備えているので、社員の意見を採り入れながら運用しましょう。

● グループウェアの役割と機能

グループウェアは、組織やプロジェクトなどの情報共有を支援するソフトウェアです。共同作業を効率よく進められるように、業務で活用できる機能が充実しています。たとえば、グループウェアには次のような機能があります。

グループウェアの主な機能

☐ メールや掲示板などを使ったコミュニケーション機能
☐ 住所録や売上実績などを管理するデータベース機能
☐ 文書や画像などをアップロードして共有するファイル管理機能
☐ 関係者の予定を管理するスケジュール機能
☐ 報告書や稟議書などの決裁をする稟議・決裁機能

■グループウェアのしくみ

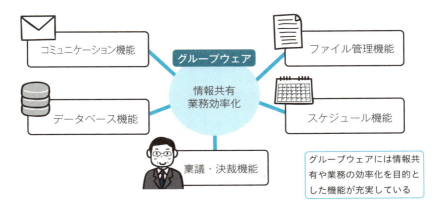

コミュニケーション機能

ファイル管理機能

グループウェア
情報共有
業務効率化

データベース機能

スケジュール機能

稟議・決裁機能

グループウェアには情報共有や業務の効率化を目的とした機能が充実している

グループウェアの中には、目的に合わせてカスタマイズして運用できるものもあります。また、グループウェアを使って過去の事例を参照すれば、業務の質を向上させることもできます。

● グループウェアの種類

グループウェアは、業務の規模や使用目的に応じてさまざまな種類があります。小規模向けに開発された簡易版から、大企業向けに開発された高機能版まであります。

社内でサーバーを運用する場合、グループウェアのインストールは容易ですが、サーバーの管理が必要になります。レンタルサーバーのグループウェアは比較的安価で利用できるので、それを活用するとよいでしょう。

グループウェアで業務を効率化するためには、全社員でグループウェアを使う習慣を身に付けることが大切です。グループウェアで必要な情報にアクセスしたり管理したりできると、ユーザー間の情報共有が促進されます。

小規模のネットワークにおけるグループウェアの選定と運用のポイントをまとめると、以下のようになります。

グループウェアの選定のポイント

☐ 課題の解決に必要な機能を備えていることを重視する

☐ 社員の意見を採り入れて、情報を共有する

☐ ビジネスのスタイルや習慣などに合った国産のものにする

☐「いつでも」「どこでも」「誰でも」利用できることを前提にする

☐ カスタマイズするか、しないかを明確にしておく

グループウェアの運用のポイント

☐ 業務のプロセスをもとに運用ルールを考えて、文書化する

☐ 無理に全機能を使おうとせず、必要な機能だけを使う

☐ 一般の社員だけではなく、経営者や経営幹部もグループウェアを理解して利用する

☐ 共有ファイルや住所録などの管理ルールを明確化する

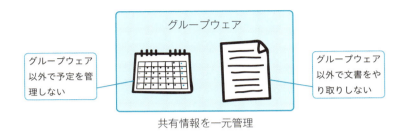

グループウェア

グループウェア以外で予定を管理しない

グループウェア以外で文書をやり取りしない

共有情報を一元管理

● グループウェアサーバーのOS

グループウェアサーバーでは、ブラウザで操作する「Webタイプ」が普及しています。ユーザー情報を管理するデータベース機能、文書や画像などを管理するファイル管理機能、掲示板などのコミュニケーション機能を1つのサーバーで運用・管理することもあります。

Windowsの場合

Windows Serverにグループウェアをインストールします。インストール後は、パソコンのブラウザで設定や管理を行います。なお、グループウェアの中には、通常のWindowsにインストールして利用できるものもあります。

Linuxの場合

Linuxのディストリビューションにより、グループウェアをインストールできるかどうかを事前に確認します。インストール作業は、キーボードから処理を指示するコマンド操作が中心で、Windowsとは異なるスキル（Linuxの基本操作レベル）が必要です。

まとめ

- グループウェアで社内の情報共有や業務の効率化ができる
- 会社の課題や社員の意見などを考慮してグループウェアを選ぶ
- 運用ルールを決め、グループウェアを使う習慣を身に付ける

第4章

ネットワークを
メンテナンスしよう

ネットワークの
メンテナンスをしよう

ネットワークで頻繁に発生するトラブルは「つながらない」「遅い」といったものです。これらのトラブルの原因を特定できるように、日頃からメンテナンスなどの記録を付け、トラブルに対応できるようにしておきましょう。

● トラブルの原因と対応

　ネットワークにトラブルが発生したときは、一刻も早く復旧させる必要があります。業務に対するトラブルの影響度を考え、応急処置だけではなく、原因になったネットワーク機器の入れ替えなども検討しましょう。

　ネットワークのトラブルは、不具合を確認してすぐに原因を特定できる場合と、特定できない場合とがあります。後者の場合は、社内ネットワークの構成や過去のトラブル事例などから原因を想像し、すみやかに解決への糸口を見つける必要があります。平常時からネットワークの状態を記録し、トラブル発生時も、その原因や範囲、実施した解決策などを記録しながら、知識を蓄えていきましょう。

■ネットワークのトラブルへの対応

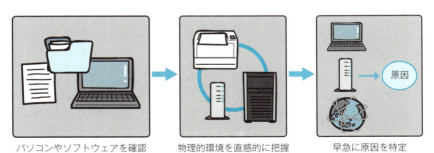

パソコンやソフトウェアを確認　　物理的環境を直感的に把握　　早急に原因を特定

原因

パソコンやソフトウェア、ネットワーク機器などを調査し、原因を特定する

とくに発生しやすいトラブルは、「ネットワークにつながらない」「ネットワークが遅い」といったものです。いずれも、ネットワーク側に原因がある場合と、ネットワークに接続するパソコンや周辺機器に原因がある場合とがあります。さらに、局所的なものから、ネットワーク全体に影響するセキュリティ関連のものまで、トラブルは多岐にわたります。発生しやすいトラブルの原因と傾向を把握し、平常時のメンテナンスで必要なことを整理しておきましょう。

● 「つながらない」トラブル

ネットワークにつながらない場合は、パソコンやソフトウェアなどの設定の誤り、ハードウェアの故障が原因として考えられます。パソコンなどの設定を変更していない場合は、LANケーブルやハブなどを確認します。LANケーブルの劣化や折り曲げ、接続不良などが原因になることがあります。とくにサーバー類は、冷却を考えた配置、空調設備の完備、電流に流れる高周波のノイズ削減対策（AC電源用ノイズフィルタ付きの電源タップの使用）などを行っておきましょう。また、パソコンの設定を変更していなくても、Windowsの自動アップデートなどが行われた場合に影響が出ることもあります。

それらに異常がない場合は、ほかのパソコンやネットワーク全体を調べます。ネットワーク上のパソコン名とIPアドレスを結び付けるプログラム、DNS（ドメインネームシステム）やDHCPが正しく機能していない可能性なども考えられます。

■「つながらない」トラブルへの対応

パソコンや周辺機器の設定、LANケーブルなどを調査 ➡ ほかのパソコンで接続できるかを確認 ➡ ルーターやハブなどの機器を確認

無線LANの場合は、知らないうちに社外の別のアクセスポイントに接続しようとしている場合があります。また、同時に接続するパソコンが増えると、トラブルの原因になる可能性があるので、不要な接続はしないようにします。

●「遅い」トラブル

ネットワークの通信速度が頻繁に遅くなる場合は、社内LAN構成図を確認しましょう。古い規格のハブやLANケーブルが混在していると、通信速度が古い規格（遅い規格）に合わせられてしまいます。そのようなときは、最新の規格に統一し、古いLANケーブルも交換しましょう。常に最新の機器を使うことで、安定したネットワーク環境を維持できます。

また、ネットワークが遅くなり始めた時期がわかれば、その時期の変更記録などを確認すると原因がわかることがあります。たとえば、ファイル共有が増えたことや、アクセス権限が複雑になったことが原因かもしれません。実際に流れているトラフィックデータを分析すると（105ページ参照）、どのファイル共有のために、どのパソコンの要求が増えているかなどがわかり、無駄な共有や権限を特定できます。

無線LANが遅くなる原因としては、親機の配置やクライアントの接続数、規格だけではなく、ほかの親機との干渉や無線周波数の使い方などが原因になる場合があります。無線LANで使用する周波数の帯域には、2.4GHz帯と5GHz帯の2種類があります。2.4GHz帯を使うと家電製品などの干渉を受け、通信速度が遅くなったり、接続が切れたりすることもあります。

■ 無線LANの周波数帯と干渉

●2.4GHz 帯

電子レンジ 　干渉

コードレスホン 　干渉

無線LAN親機 　パソコン

2.4GHz帯を使っていると、電子レンジやコードレスホンなどの干渉を受けることがある

ワイヤレスマウス 　干渉

ワイヤレスヘッドホン 　干渉

● ネットワークの状況を確認する

特定の回線や機器に通信が集中しているときは、ネットワークの流れを監視する計測機器やソフトウェアなどで混雑状況を調査します。たとえば、「IP/Ethernetテスタ」などの計測機器を使うと、ネットワークのトラフィックなどを測定できます。また、「TCP Monitor Plus」というソフトウェアを使うと、ネットワークの通信速度や送受信のデータ量などをリアルタイムでグラフ化でき、通信に利用されているプロトコルや通信先のホスト、通信状況などを監視できます。その上で、パソコンやサーバー、周辺機器、ハブなどの負荷を軽減するために、再配置を検討しましょう。

そのほかに、重いデータをサーバーにアップロードする時間と、サーバーからダウンロードする時間を測り、過去の記録と比較してネットワークの状況をチェックすることも効果的です。

● メンテナンスやログの記録を残しておく

トラブルが発生しないように、日頃からネットワークのメンテナンスをすることが大切ですが、その記録を残しておくこともトラブルの削減に役立ちます。また、トラブル発生時に、パソコンやサーバー、通信・ネットワーク機器などのログ（履歴）を確認し、トラブル発生時と平常時のログを比較すると、原因を特定しやすくなります。定期的にログを記録しておきましょう。

トラブルは「いつ」「何が」発生するかわかりません。代替用のハードウェアやデータのバックアップなど、不測の事態に対処できるように準備しておくことが大切です。インターネット接続も、トラブル発生時に予備のルーターやプロバイダーなどを経由して別のルートから接続できるようにしておくと、業務への影響を最小限に抑えることができます。

まとめ
- 「つながらない」「遅い」の原因を切り分けられるようにしておく
- ネットワークモニターなどで通信状況を把握して負荷を軽減する
- メンテナンスやログの記録、バックアップも重要

02 ネットワーク機器を管理しよう

ネットワーク上で、どのネットワーク機器がどのパソコンとつながっているかなどを把握し、定期的に接続状態を確認します。ネットワーク機器が故障した場合でも対応できるように、代替品をストックしておくと安心です。

● ネットワーク機器の稼働状況を確認する

ネットワークを構成するLANケーブル、ハブ、ブロードバンドルーター、無線LAN親機など、ネットワーク機器の稼働状況を確認しましょう。

有線LANの場合

日頃のメンテナンスとしては、各機器の電源が入っているか、LANケーブルの端子が抜けていないかなどを定期的に確認します。LANケーブルの状態は目視で確認し、熱による端子の劣化や破損、踏み付けや折り曲げによる傷、引っ張りによる劣化などがあれば交換します。

自分のパソコンからほかのパソコンや周辺機器などへの接続は、Windowsのネットワークコマンド「systeminfo」や、フリーソフトの「Advanced IP Scanner」などを使うと確認できます。

■「Advanced IP Scanner」によるネットワークの調査

指定した範囲のIPアドレスを調査し、ネットワーク上の機器を検出する

無線LANの場合

　無線LAN親機に接続されているパソコンや周辺機器は、「無線LAN監視ソフト」を使って確認します。たとえば、「WirelessNetView」など、メーカーや個人が提供しているソフトウェアもあります。

■「WirelessNetView」によるネットワークの調査

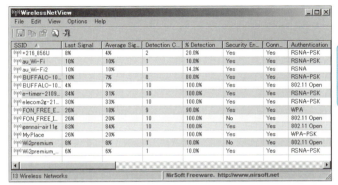

SSID	Last Signal	Average Sig...	Detection C...	% Detection	Security En...	Conn...	Authentication
+216_856U	8%	4%	2	20.0%	Yes	Yes	RSNA-PSK
au_Wi-Fi	10%	10%	1	10.0%	Yes	Yes	RSNA-PSK
au_Wi-Fi2	10%	10%	1	14.3%	Yes	Yes	RSNA
BUFFALO-10...	10%	7%	8	80.0%	Yes	Yes	RSNA-PSK
BUFFALO-10...	4%	7%	10	100.0%	Yes	Yes	802.11 Open
e-timer-2109...	34%	31%	10	100.0%	Yes	Yes	RSNA-PSK
elecom2g-21...	30%	33%	10	100.0%	Yes	Yes	RSNA-PSK
FON_FREE_E...	26%	18%	9	90.0%	Yes	Yes	WPA
FON_FREE_I...	26%	20%	10	100.0%	No	Yes	802.11 Open
gennai-air11g	83%	84%	10	100.0%	Yes	Yes	802.11 Open
MyPlace	26%	20%	10	100.0%	Yes	Yes	WPA-PSK
Wi2premium	8%	8%	1	10.0%	No	Yes	802.11 Open
Wi2premium_...	6%	6%	1	10.0%	Yes	Yes	RSNA-PSK

13 Wireless Networks　　NirSoft Freeware. http://www.nirsoft.net

> 親機や子機の情報を検出し、暗号化などセキュリティ保護の状態などを表示する

　トラブルなどでネットワークにつながらない状態が長く続くと、業務に支障が出てしまいます。業務への影響を最小限に抑えるために、LANケーブルやハブ、ブロードバンドルーター、無線LAN親機などは、代替品を使って復旧させることも必要です。

　ネットワーク全体にわたるトラブルの場合は、早急にこのような応急措置を施し、ネットワークを復活させることを優先します。そのうえで、ネットワークの構成を見直すなどの根本的な対策を実施します。

まとめ
- 電源が入っているか、正常に接続されているかなどを確認する
- ネットワークに接続されている機器は専用のツールで確認する
- トラブルに備えて、ネットワーク機器の代替品を用意しておく

パソコンのハードウェアと
ソフトウェアを管理しよう

ソフトウェアは、バージョンアップが必要になったり、ライセンスの期限が決められていたりする場合があります。各パソコンにインストールされているソフトウェアの名前、バージョン、ライセンスなどの情報を明確にしましょう。

● パソコンのハードウェアを管理する

Windowsのネットワークコマンド「systeminfo」を使うと、ネットワークに接続されているパソコンのOSのバージョンをはじめ、CPU、メモリー、HDD、ネットワークの設定、周辺機器のドライバーなどの情報を取得できます。ネットワーク上のパソコンや周辺機器の情報を取得するには、管理者権限のユーザーアカウントとパスワードでパソコンにアクセスする必要があります。

また、フリーソフトの「e-Inventory」を使うと、これらの情報を一括で取得できます（インストールするには「.NET Framework 2.0」が必要）。取得したデータはExcelなどで管理すると便利です。

■ 「e-Inventory」で調査したサンプル

ネットワーク上のパソコン名やOSのバージョンなどの情報を取得し、一覧表を作成する

● パソコンのソフトウェアを管理する

パソコンのOSの種類やバージョン、Officeソフト、メールソフトなどのソフトウェアの稼働状況やライセンスなどを一元管理することを「ソフトウェア資産管理」といいます。

パソコンにインストールされているOfficeソフトやメールソフト、ブラウザなどのソフトウェアは、名前やバージョン、更新日などの情報を管理しましょう。

たとえば、フリーソフトの「pglst」を使うと、パソコンにインストールされているソフトウェアのバージョンやインストール情報などを個別に取得できます。これにより、ライセンスの更新時期やセキュリティ対策の必要な時期が明確になります。取得したデータをCSV形式で保存すれば、Excelで読み込んで管理することもできます。

■ パソコンで実行した「pglst」

ソフトウェアの一覧で使用頻度などがわかり、一覧の印刷や保存などができる

● ソフトウェアのインストールメディアを保管する

OSやアプリケーションのインストール後はもちろん、アップグレード後もそれまで使用していたバージョンのインストールメディア（CDやDVDなど）を保管しておき、必要なときに再インストールできるように備えておきましょう。その際、インストール時に必要なIDやシリアルキーなども一緒に保管しておきます。また、アップグレード版のソフトウェアの場合は、アップグレードの対象となる通常版のインストールメディアも保管しておく必要があります。

まとめ
- OSやアプリケーションのバージョンなどを一元管理する
- 管理者権限のユーザーアカウントで情報を取得し、一覧表を作る
- ソフトウェア資産管理の機能を持つフリーソフトを活用する

04 社内LAN構成図を 作成しよう

パソコンや周辺機器の新規導入、増設、トラブル対応などの際に、ネットワークの状況を把握できるように社内LAN構成図を作成しておきましょう。社内LAN構成図は目的に合わせて複数用意し、常に最新の状態に更新します。

● 社内LAN構成図の作り方

　パソコンや周辺機器の配置、LANケーブルの配線などの見取り図である「社内LAN構成図」（30ページ参照）は重要ですが、すべての機器の配置や配線を表すのは困難です。そのため、必要な要素だけに絞り、見やすく作図しましょう。

　ネットワークの管理には多くの情報が必要です。パソコン名やIPアドレス、通信規格などだけではなく、サーバーの用途、ファイル共有の目的なども押さえておかなければなりません。さらには、社外で利用しているデータセンターなどの設備や、ホスティング、クラウドなどのサービスもあります。

　これらをすべて社内LAN構成図に記載すると、見づらくなってしまいます。その逆に要素を絞りすぎると、必要な情報を忘れてしまう場合もあります。そのため、目的に合わせて複数の社内LAN構成図を用意しておくとよいでしょう。

　社内LAN構成図は、IPアドレスやルーターなど、同一のIPアドレスのグループで分けて作成するのが一般的です。その上で、パソコンの配置やLANケーブルの配線などがわかるようにしましょう。

　社内LAN構成図は、Microsoftの「Visio」や「PowerPoint」などを使うと見やすく作成できます。一覧表で管理する場合は、Excelなども活用できます。クラウドなどは、社内LAN構成図の上部やインターネットの経路の中間に表示させます。ハブなどは親子関係を意識し、ハブを上部、パソコンを下部に配置すると見やすくなります。

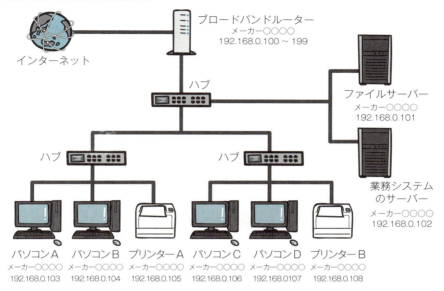

■ かんたんな社内LAN構成図の例

ブロードバンドルーター
メーカー○○○○
192.168.0.100 ～ 199

インターネット

ハブ

ファイルサーバー
メーカー○○○○
192.168.0.101

ハブ

ハブ

業務システム
のサーバー
メーカー○○○○
192.168.0.102

パソコンA
メーカー○○○○
192.168.0.103

パソコンB
メーカー○○○○
192.168.0.104

プリンターA
メーカー○○○○
192.168.0.105

パソコンC
メーカー○○○○
192.168.0.106

パソコンD
メーカー○○○○
192.168.0107

プリンターB
メーカー○○○○
192.168.0.108

● 社内LAN構成図は常に最新にしておく

　古い社内LAN構成図しかない状態でトラブルが発生すると、パソコンの配置やLANケーブルの配線などがわからず、状況を把握するのに時間がかかります。新規導入や増設などを行った場合は社内LAN構成図を更新し、常に現状を正しく表したものにしておきましょう。更新することを考慮し、社内LAN構成図には余白を入れておくと便利です。トラブル以外に、ネットワークの拡張やオフィスの引っ越しなどの際にも役立ちます。

まとめ

- IPアドレスのグループで分けて社内LAN構成図を作成する
- LANケーブルの配線などの物理的な社内LAN構成図も作成しておく
- 更新を考慮して、社内LAN構成図には余白を入れておく

05 ウイルス対策をしよう

ウイルスにはさまざまな種類がありますが、その多くはインターネットやメールを介して感染します。社員1人1人がセキュリティの意識を高く持ち、定期的にウイルスチェックを行って被害を未然に防ぐようにします。

● ウイルスの特徴

　「ウイルス」とは、パソコンやサーバーなどのハードウェアやソフトウェアに侵入し、正常な動作を妨げ、重要なデータの流失や喪失などの被害をもたらすプログラムです。近年は携帯端末も侵入の対象となり、被害にあったプログラムからほかのプログラムへと感染する性質を持っています。ウイルス対策を行っても、ウイルスとは気付かない巧妙な手口で侵入を許してしまうこともあります。社員全員で継続的な対策を行う必要があります。

　ウイルスにはさまざまな種類がありますが、近年ではOSやブラウザのセキュリティ上の欠陥（セキュリティホール）を利用して侵入するタイプが増えています。

■ 添付ファイルによるウイルスの感染

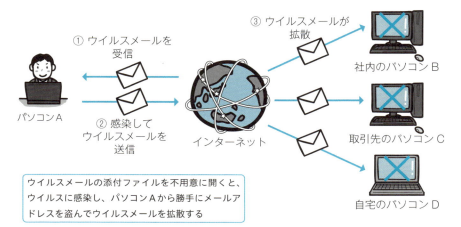

① ウイルスメールを受信
パソコンA
② 感染してウイルスメールを送信
インターネット
③ ウイルスメールが拡散
社内のパソコンB
取引先のパソコンC
自宅のパソコンD

ウイルスメールの添付ファイルを不用意に開くと、ウイルスに感染し、パソコンAから勝手にメールアドレスを盗んでウイルスメールを拡散する

ウイルスは、ユーザーの情報を不正に収集したり、自らを複製しながら拡散したりする「悪意のあるプログラム」の一種です。ウイルス以外の悪意のあるプログラムや、悪意のある行為に対しても注意が必要です。

主な悪意のあるプログラム・行為の例

- □ マルウェア（悪意のあるプログラムの総称）
- □ スパイウェア（ユーザーの情報を収集するプログラム）
- □ ワーム（自らを複製しながら拡散するプログラム）
- □ トロイの木馬（侵入して不正な動作を行うプログラム）
- □ ボットネット（ウイルスにより乗っ取られたネットワーク）
- □ クラッキング（不正に侵入したり改ざんしたりする行為）

● ウイルスの侵入を防ぐ対策

　パソコンやサーバーをウイルスの侵入から守るためには、まずウイルス対策ソフトをインストールし、正しく設定しておくことが大切です。

　最近のウイルス被害は、大半がインターネットの利用によるものです。とくにブラウザによるWebページの閲覧時や、メールの送受信時に対策が必要です。Windows標準のWindows Defenderのほか、インターネットのセキュリティ機能が充実している市販のウイルス対策ソフトを使い、安全にインターネットを利用できる環境を整備しましょう。

主なウイルス対策

- □ OSやソフトウェア、ウイルス対策ソフトは常に最新の状態にする
- □ メールの添付ファイルやダウンロードファイルは必ずウイルスチェックをかける
- □ パスワードの設定や暗号化が行えるソフトウェアを使う
- □ 最新のウイルス対策の方法を定期的に学び、対策を万全にする
- □ 被害にあったときのために、重要なファイルのバックアップをとる

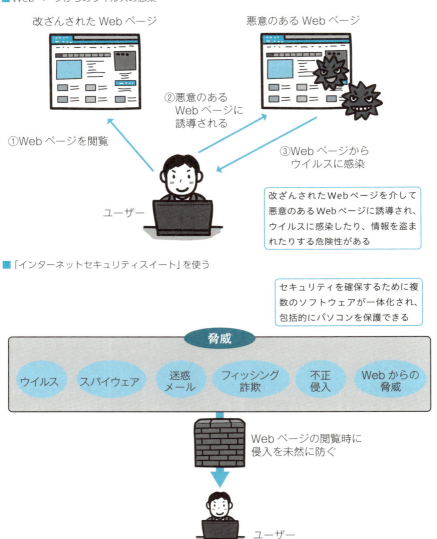

■ Webページからのウイルスの感染

改ざんされた Web ページ

悪意のある Web ページ

②悪意のある
Web ページに
誘導される

①Web ページを閲覧

③Web ページから
ウイルスに感染

ユーザー

改ざんされたWebページを介して
悪意のあるWebページに誘導され、
ウイルスに感染したり、情報を盗ま
れたりする危険性がある

■ 「インターネットセキュリティスイート」を使う

セキュリティを確保するために複
数のソフトウェアが一体化され、
包括的にパソコンを保護できる

脅威

ウイルス　スパイウェア　迷惑メール　フィッシング詐欺　不正侵入　Web からの脅威

Web ページの閲覧時に
侵入を未然に防ぐ

ユーザー

　パソコンやサーバーと同様に、携帯端末もウイルスの脅威から守る必要が
あります。とくにスマートフォンは、家族や友人、仕事の関係者などの個人
情報（メールアドレスや電話番号、住所など）がたくさん保存されているの
で、キャリアが提供するセキュリティチェックなどのサービスを利用し、万
全な対策をとる必要があります。

● ウイルスチェックの方法

「ウイルスチェック」は、パソコンやサーバーのHDDなどに侵入しているウイルスを検出し、被害が発生する前に取り除いたり、感染している部分を切り分けたりする機能のことです。ウイルスの中には、侵入後にしばらく潜伏してから動作するものもあるので、1週間おきなどの期間を決めてウイルス対策ソフトでウイルスチェックを行います。

もしウイルスが検出されたら、すぐにそのパソコンをネットワークから外し、ウイルスの内容を確認します。どのようなウイルスに侵入されたかを把握してから、ネットワーク上のほかのパソコンもウイルスチェックを行い、OSを再インストールする必要があるかなどの対応を検討します。ウイルスが検出されたパソコンの操作記録やログがある場合は確認しましょう。

ウイルスが駆除されたことを確認したら、パソコンを再起動し、きちんとファイルが開けるかどうか、インターネットに接続できるかどうかなど、基本的な動作を確認します。その後、再度ウイルスチェックを行い、完全に駆除されたことを再確認します。OSを再インストールした場合は、ネットワークに接続する前にウイルスチェックを行い、安全かどうかを再確認します。

ウイルス対策ソフトを開発したメーカーなどでは、これまでに確認されたウイルスの情報を公開しています。検出されたウイルスの性質や影響などを確認し、安全と判断した段階でネットワークに接続しましょう。もし、誤ってメールなどでウイルスを拡散してしまった場合は、関連する人にメール以外の方法で連絡し、被害を最小限に抑えるようにします。

- ウイルスの危険性を理解し、社員全員で対策を行うことが必要
- ウイルス以外の、悪意のあるプログラムの侵入にも注意する
- 定期的にウイルスチェックを行い、ウイルスを安全に駆除する

大切なデータを
バックアップしよう

バックアップは、単にファイルやフォルダーをコピーするのではなく、「誰が」
「いつ」「何を」「どの方法で」バックアップするかを決めておくことが重要です。
突然、故障や不具合が発生しても困らないように準備しておきましょう。

● バックアップの重要性

　パソコンはハードウェアの故障やソフトウェアのトラブルなどにより、新
しいパソコンに移行したり、初期状態に戻したりすることがあります。突然
の故障や不具合にも対応できるように、あらかじめデータをバックアップし
ておくことが大切です。バックアップしたデータがあれば、それをもとにリ
カバリー（復元）できます。

　トラブルの状況によって、最新のデータをもとにリカバリーする場合と、
過去のある時点のデータをもとにリカバリーする場合があります。バック

■突然の故障や不具合が発生した場合

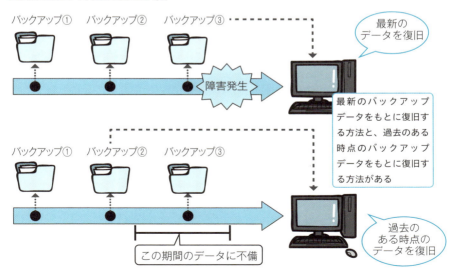

アップデータからリカバリーができない場合は、OSや業務システムなどの導入時の状態に戻すこともあります。

バックアップの目的

- □ すぐには使わないファイルを待避させて、HDDの空き容量を増やす
- □ パソコンが故障した際に、ファイルをもとに戻して使えるようにする
- □ 誤って上書きや削除を行ったファイルをもとに戻す
- □ ウイルスに感染したファイルを復旧させる
- □ 何らかの原因で破損して、開けなくなったファイルを復旧させる

● 用途に応じたバックアップ

バックアップを行うときは、用途に応じて「バックアップ先」「バックアップ方法」「復旧時の対応」「バックアップの対象」の4つの項目をどうするかを決めます。このうち「バックアップの対象」は、特定のファイルやフォルダーの

■ バックアップ方法の選択

分　類	方　法
バックアップ先	外付けのHDD、ネットワーク上のHDD、DVDやBlu-rayなどのメディア
バックアップ方法	完全、増分、差分、世代別、多重
復旧時の対応	オンライン、オフライン、遠隔
バックアップの対象	ファイルやフォルダーなどのデータ、OSやデータベースなどで使っているデータ、HDD全体

■ バックアップの対象

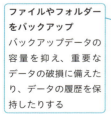

ファイルやフォルダーをバックアップ
バックアップデータの容量を抑え、重要なデータの破損に備えたり、データの履歴を保持したりする

HDD全体をバックアップ
ファイルやフォルダーだけではなく、ソフトウェアもバックアップでき、パソコンの復元も可能

みを対象とする場合と、パソコンのHDD全体を対象とする場合があります。

　ファイルやフォルダーのバックアップ方法には、「完全」「増分」「差分」などがあります。

■「完全」「増分」「差分」のバックアップの違い

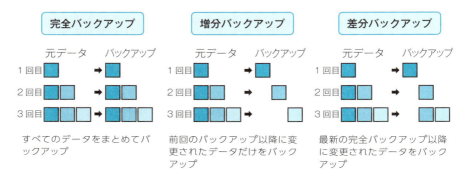

完全バックアップ	増分バックアップ	差分バックアップ
元データ　バックアップ	元データ　バックアップ	元データ　バックアップ
1回目	1回目	1回目
2回目	2回目	2回目
3回目	3回目	3回目
すべてのデータをまとめてバックアップ	前回のバックアップ以降に変更されたデータだけをバックアップ	最新の完全バックアップ以降に変更されたデータをバックアップ

　また、誤ったデータのバックアップにより、正しいデータが消去されないように、数世代前までのデータを保持する「世代別バックアップ」という方法もあります。

　さらに、重要なデータの場合は、異なる記憶メディアに複数回に分けてバックアップを行う「多重バックアップ」という方法もあります。たとえば、最初はHDDなどの高速の記憶メディアへ、2回目は光ディスクなどの低速小容量の記憶メディアへ、3回目はクラウド上へというように、異なる記憶メディアの特徴を生かしてバックアップを行うことが可能です。これにより、いずれかの記憶メディアに障害が発生しても、別の方法でバックアップしたデータが保持される可能性が高まります。

● バックアップの運用ルール

　バックアップは、社員や管理者などが定期的に行う作業です。したがって、バックアップ作業を実施しやすい環境を作ることも大切です。データの重要性や使用目的などを踏まえ、「誰が」「いつ」「何を」「どの方法で」バックアップするかを社内で検討します。

　バックアップの頻度としては、「毎日」「毎週」「毎月」などのスケジュール

を考えます。また、バックアップの際に情報漏えいなどが発生しないように、万全なデータの管理方法を考え、文書化しておきます。

データの保存領域としては、クラウドも選択肢に入れておきましょう。とくに重要なデータは、大容量の外付けHDDにバックアップすると便利です。

バックアップには、手動で行う方法と、バックアップソフトで自動的に行う方法があります。また、外付けHDDにバックアップする場合は、データが消失しないように、外付けHDDとパソコンのHDDに重複してデータを残し、安全に運用しましょう。

■ 手動でデータをバックアップ

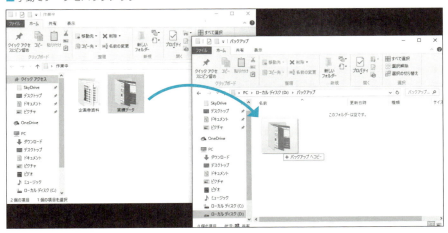

バックアップ先にフォルダーをドラッグしてデータを保存する

まとめ
- トラブルが発生しても復旧できるようにバックアップを行う
- 「完全」「増分」「差分」などのバックアップ方法の違いを理解する
- バックアップのしやすさも考慮し、運用ルールを文書化しておく

ユーザーのIDと
パスワードを管理しよう

IDやパスワードなどのユーザー情報は、ネットワークを利用するうえで必要
不可欠なものです。ユーザー情報が重複していたり、不要なものが残ってい
たりしないように適切に管理しましょう。

● ユーザーのIDとパスワードの役割

　ユーザーのIDとパスワードは、ネットワーク上でユーザーを識別するため
に必要なものです。他人が勝手にIDとパスワードを利用しないように、ユー
ザー情報は適切に管理しなければなりません。

　社員の入社や人事異動などがあると、新しいユーザーのIDとパスワードの
発行が必要になります。また、社員の退職時は、そのユーザーの必要最小限
のデータをバックアップしたあと、IDとパスワードを削除します。ユーザー
情報の重複や、不要なユーザー情報の消し忘れなどがないように、リストな
どを作成して適切に管理しましょう。ExcelやAccessでリストを作成する場
合は、データが他人に見られないように、パスワードの設定と暗号化を行い
ます。

　また、IDやパスワードを頻繁に発行する企業では、業務の効率化を考慮し、

■ユーザーのIDとパスワードの一元管理

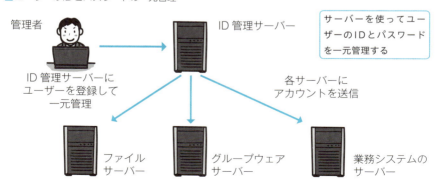

管理者

ID 管理サーバー

サーバーを使ってユー
ザーのIDとパスワード
を一元管理する

ID 管理サーバーに
ユーザーを登録して
一元管理

各サーバーに
アカウントを送信

ファイル
サーバー

グループウェア
サーバー

業務システムの
サーバー

たとえば、社内の部署コードと社員番号を組み合わせたIDを作成して、パスワードリマインダーなどで定期的にパスワードを変更しながら管理します。

● 危険なIDとパスワード

他人に類推されやすく、パスワード解析ソフトなどで判別されやすいIDやパスワードは設定しないようにします。たとえば、乱数を算出するソフトウェアなどを使って無作為にパスワードを発行するのも1つの手です。

危険なID・パスワードの例

- □ ユーザーの名前などから類推できるもの
- □ ユーザーの生年月日や電話番号
- □ ユーザーの家族やペットの名前
- □ 辞書に掲載されている単語
- □ 短い文字列
- □ アルファベットだけ、もしくは数字だけ
- □ 類推されやすい文字の組み合わせ（同じ文字のくり返しなど）

● IDやパスワードが漏えいした場合のリスク

IDやパスワードが漏えいすると、「なりすまし行為」が発生する危険性が高まります。たとえば、ユーザーのふりをしてメールを傍受する、会社の重要な情報を漏えいさせるなどの不正が行われる危険性があります。

IDとパスワードは、たとえば金庫などにリストを保管し、ユーザーへのパスワードの通知書は必ず回収してシュレッダーにかけ、メモなどに残すことを禁止するなど、厳重に管理します。さらに、パスワードは最低でも年に数回、定期的に変更するのが理想です。ネットワーク管理者と社員の負担は大きくなりますが、リスク管理を優先させましょう。

まとめ
- IDとパスワードの発行と削除は、忘れずにすみやかに行う
- 再発行が発生しないように、リストを作成して厳重に管理する
- パスワードは類推しやすいものにせず、定期的に変更する

08 ネットワークを安定させよう【ハードウェア編】

ネットワークを構成する機器が不安定な状態にあると、トラブルが発生しやすくなります。ネットワークを安定させるために、設置環境やレイアウトに配慮しながら、ハブやルーターなどの機器を適切に管理しましょう。

● ハブの取り扱い

LANケーブルを中継するハブは、やり取りするデータの宛先に応じて、目的の機器のみにデータを送信する「スイッチングハブ」が普及しています。製品によって異なりますが、5個から24個ほどのLAN端子を搭載したハブが一般的です。

ネットワークに接続されているはずのパソコンでネットワークを利用できない場合は、パソコンやハブに接続されているLANケーブルの接続不良の可能性があります。市販のハブは、耐用年数が3年から5年程度といわれているので、LANケーブルの交換だけではなく、ハブも定期的に最新の規格の製品に交換しましょう。

● ルーターと無線LANの取り扱い

インターネット回線の出入口に設置するブロードバンドルーターには、有線LANのみに対応したものと、無線LAN機能を内蔵したものがあります。携帯端末の利用などを考えれば、無線LAN機能付きのものがお勧めです。

光ファイバー回線などでインターネットに接続する場合は、オフィス内の開通工事が行われた場所にブロードバンドルーターを設置します。

回線事業者からレンタルしたブロードバンドルーターは、故障時に無償で修理や交換が受けられるのが一般的です。ただし、修理や交換が完了するまでインターネットに接続できなくなってしまうので、いつでも使える予備のブロードバンドルーターを用意しておくと安心です。

また、無線LANで使用する2.4GHz帯という周波数帯域は、ほかの機器や家電などで使われることがあります（104ページ参照）。無線LAN親機を増設

する場合や、近隣で無線LANを使っている場合などは、別の無線LANのチャ
ネルを使いましょう。5GHz帯の周波数帯域へ変更することも可能です。

● トラブルが発生しにくい有線LANのレイアウト

　有線LANの場合、共通の規格・カテゴリのLANケーブルを使用し、LAN
ケーブルで接続する長さを100m以下にすることが推奨されています。パソコ
ンとハブの接続や、ハブ同士の接続、ほかのフロアへの接続の延長などの際
は、ハブのレイアウトを工夫しましょう。スイッチングハブなら、ハブの設
置台数に制限はありませんが、上位のハブでトラブルが発生すると、それ以
降のハブやパソコンすべてに影響が出てしまいます。なるべく3段から4段
の構成に抑えましょう。

　ハブはデスクの下などには置かず、すぐにメンテナンスができる場所に固
定して設置するのが理想です。ハブの中には、底面に磁石の脚を取り付ける
ことで、鉄製の机やテーブルの側面に設置できるものもあります。

■ルーターやハブの主なレイアウト

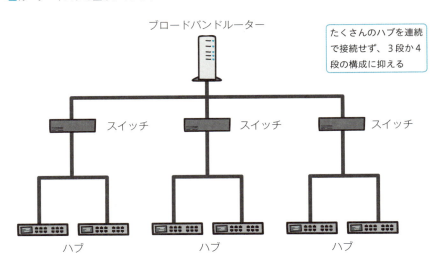

ブロードバンドルーター

たくさんのハブを連続
で接続せず、3段か4
段の構成に抑える

スイッチ　　スイッチ　　スイッチ

ハブ　　　　ハブ　　　　ハブ

● ネットワークトラフィックの把握

ネットワークに流れているデータの量を「ネットワークトラフィック」といいます。インターネットへの接続やファイルのコピーなどが遅い場合は、ネットワークトラフィックを調査しましょう。

ネットワーク上を流れているデータの通信方法には、特定の相手だけに送信する「1対1」と、ネットワーク上のすべてに送信する「1対多」の2種類があります。たとえば、サーバー名がわからない場合は、1対1の通信を始める前に、1対多の通信を行ってサーバー名を見つけます。

ネットワーク上のデータを見れば（126ページ参照）、データの転送頻度とデータ量がわかります。また、各パソコンのネットワークの使用状況、使用頻度、使用ファイルなどもわかります。これらの情報をもとに、社内LAN構成図を見ながら、どこに負荷がかかっているかを分析しましょう。

■ネットワークトラフィックの種類

●1 対 1 の通信
1 つの送信データが 1 つの端末だけに届く

●1 対多の通信
1 つの送信データがセグメント内のすべての端末に届く

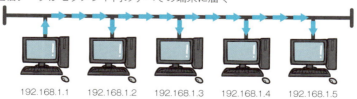

● 安定した環境でサーバーやネットワーク機器を管理する

パソコンやサーバー、ネットワーク機器などは、電力が安定して供給されないと障害が発生します。電源コードが抜けたり停電が発生したりしても、電力が供給されるように、「UPS（無停電電源装置）」を導入しましょう。UPSは、電力供給が止まっても内部電池で一定時間、電力が供給される装置です。社内サーバーなどでUPSを使う場合、価格2万円前後で4分程度の電力供給が可能な製品が一般的です。停電時などは、電力供給が行われている間にデータの保存などを行いましょう。長時間の電力供給ではなく、あくまで安全にシャットダウンするまでのつなぎとして使います。

また、サーバーは基本的に連続運用を行うものです。熱対策として空調の温度を低めに設定し、音を聞いたり触ったりして状態を確認します。ハブやネットワーク機器などは、空調がない施設に設置されることも多いので、LAN端子にほこりなどが付着していないかを確認します。

■UPSのしくみ

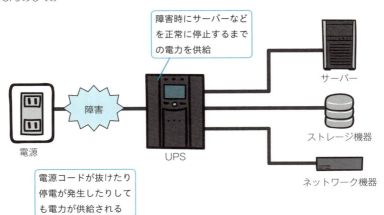

障害時にサーバーなどを正常に停止するまでの電力を供給

サーバー

ストレージ機器

電源

UPS

ネットワーク機器

電源コードが抜けたり停電が発生したりしても電力が供給される

まとめ
- 複雑なネットワーク構成にはせず、設置環境の整備にも配慮する
- ネットワークトラフィックを調査し、負荷のある場所を見つける
- 突然、停電があっても電力が供給されるようにUPSを導入する

09 ネットワークを安定させよう【ソフトウェア編】

ネットワークを安定させるためには、ネットワークトラフィックを監視し、データの動きを分析します。また、パソコンやサーバーの不要な機能やサービスは停止させ、フォルダーの共有も最小限にして負荷を減らしましょう。

● ネットワークの状態の把握

　ネットワークで通信するデータ量が多いと、ネットワークが不安定になることがあります。ネットワークがきちんと機能しているかを把握するために、定期的に「ネットワーク監視」を実施しましょう。ネットワーク監視とは、ネットワークの性能の低下や障害発生などがないかを調査することです。ネットワーク監視を実施するには、ネットワークトラフィック（124ページ参照）を確認し、通信されているデータをモニタリングします。

　モニタリングするツールとしては、Windows標準の「リソースモニター」を使います。画面下部のタスクバーを右クリックし、表示されたメニューの［タスクマネージャー］または［Windowsタスクマネージャー］をクリックします。「タスクマネージャー」が起動したら、［パフォーマンス］タブにある［リソースモニターを開く］または［リソースモニター］をクリックすると、「リソースモニター」が起動します。

■ 「リソースモニター」の画面

Windowsの性能を監視し、CPUやメモリーを使っているプログラムや、ネットワークのデータ量などを確認できる

リソースモニターの［ネットワーク］タブには、データの送受信量がグラフィックで表示され、どのプログラムがどのくらいの容量のデータを送受信しているかを確認できます（無線LANの場合も同じ）。これにより、パソコンとサーバーの通信状況がわかります。

パソコンとサーバーの距離が離れている場合は、中間地点でモニタリングすることもできます。たとえば、容量の大きいデータを送受信し、その処理時間を計測して変化を把握します。できれば数日間、さまざまな条件でモニタリングしながら、正確な状態を把握しましょう。たとえば、「朝と夕方にデータの送受信量が増える」など、業務内容と時間による影響がわかる場合もあります。

■ ネットワーク監視

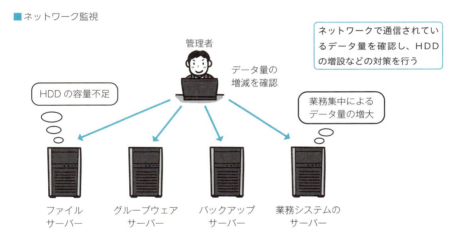

● 不要な機能や共有などの削減

ネットワークで通信するデータ量を減らし、ネットワークを安定させるために、Windowsの不要な機能や共有などを停止させましょう。以下のような方法がありますが、ここでは［システム構成］から操作する方法を解説します。

Windowsの機能を停止させる方法

□ ［タスクマネージャー］ダイアログボックスの［プロセス］タブや［サービス］タブで操作する

□ コントロールパネルの［プログラム］にある［Windowsの機能の有効化

または無効化］から操作する

□ ［ファイル名を指定して実行］に「msconfig」と入力して表示される［システム構成］から操作する

　［システム構成］は、Windows起動時のプログラム構成の変更や、起動しているサービスの有効・無効の管理などができます。設定を変更するには、Windowsの知識が必要になりますが、たとえば以下のサービスを使わない場合は無効にしましょう。ソフトウェアをインストールするたびにサービスが増えていくので、定期的な確認が必要です。

頻繁に使わないサービスの例

□ Bluetooth Support Service（Bluetoothの利用）
□ FAX（FAXの送受信）
□ Parental Controls（子どもへの保護者による制限）
□ Remote Registry（ほかのパソコンからのレジストリ操作）
□ Smart Card（スマートカードを使う）

■ ［システム構成］で機能を無効化

チェックを外すと
機能が無効になる

　不要な共有を削減することも、ネットワークの安定化に役立ちます。共有は便利な機能なので、たくさんのフォルダーを共有化してしまいがちですが、データ量が増えると容量不足になります。必要最小限のフォルダーのみを共有化し、運用ルールを作成しておきましょう。
　共有フォルダーの運用にあたっては、たとえば以下のようなルールが考えられます。

共有フォルダーの運用ルールの例

□各自のパソコンで作成する共有フォルダーは1つだけにする

□共有フォルダーのファイルは各自のパソコンにコピーしてから使う

□容量が100MBを超えるファイルはUSBメモリーでやり取りする

　さらに、ネットワーク監視を行いながら、不要な共有を削除します。ネットワーク上の共有を監視するには、フリーソフトの「フォルダ監視」を使うと便利です。

■「フォルダ監視」

パソコン内やネットワーク上の共有フォルダーを同時に監視し、変更があったファイルを一覧表示する

「フォルダ監視」の便利な機能

□ ネットワーク上の共有フォルダーを255個まで監視できる

□ 監視するファイルの種類を選択できる

□ 変更があるとサウンドやメッセージで通知される

□ ログ（履歴）を記録できる

□ 監視するフォルダーにアクセスできないときに通知される

まとめ
- ネットワークトラフィックを監視してデータをモニタリングする
- Windowsの機能やサービスのうち、不要なものを削除する
- フォルダーの共有は最小限にとどめる

ネットワークの使いやすさ に配慮しよう

ネットワークは、安定しているだけではなく、使いやすく、管理しやすい状態 にしておくことが求められます。OSやソフトウェアなどのバージョンを統一し て管理しやすくすると同時に、社員の情報リテラシーの習得にも努めましょう。

● シンプルで使いやすい構成にする

　ネットワークは業務を効率化するための設備であり、主に社員が活用する ものです。したがって、社員がいつでも安定したネットワークを使えるよう にしておくことが求められます。たとえば、社員が日々使うパソコンや携帯 端末などはシンプルで使いやすいハードウェアを準備し、アプリなどは必要 なものだけをインストールした構成にします。

　パソコンのOSにはWindowsやmacOS、サーバーにはWindows Serverや Linux、携帯端末にはiOSやAndroid、Windows 10 Mobileなどがあり、それ ぞれバージョンごとに機能が異なります。一部の業務システムなどを除き、 機能やセキュリティ、メンテナンスなどを考慮して、管理がスムーズに行え るようにOSやソフトウェアなどのバージョンを統一しましょう。

　たとえば、パソコンはWindowsの最新版、サーバーはWindows Serverの 最新版、携帯端末はiOSかAndroidのいずれかにする、といった方策が考え られます。

シンプルで使いやすい構成にする理由

- ☐ ネットワークの現状把握と見直しが行いやすい
- ☐ 障害発生時に原因を切り分けやすい
- ☐ ネットワーク上を流れるデータ量が少なくなる
- ☐ ネットワークのトラフィックが増え、複雑になっても対応しやすい
- ☐ ユーザーが増えてもセキュリティを確保しやすい

● 管理者のユーザーアカウントは使わない

　パソコンを利用する際に管理者のユーザーアカウントを使うと、新しいソフトウェアのインストールやシステムの設定変更などを行うことができます。このため、社員が日常の業務で管理者のユーザーアカウントを使うと、さまざまなトラブルを引き起こすおそれがあります。

　このようなリスクを避けるため、社員は標準ユーザーのアカウントでパソコンを利用することをルール化しましょう。この権限なら、ほとんどのソフトウェアを使うことができ、ほかのユーザーやシステムに影響を与えません。社員は標準のアカウント、ネットワーク管理者は管理者のアカウントを使い、ネットワーク管理者がソフトウェアやシステムを管理することを文書化しておきます。

● 誰でもわかる用語で説明する

　社員は日々の業務でパソコンや携帯端末などを使い、ネットワークに接続してファイルの共有などを行っています。ただし、ネットワークは基本的に安定して運用されているものなので、ネットワークの詳細を意識する機会は多くありません。そのため、社員はネットワークについてよく知らない場合がほとんどです。

　したがって、ネットワークについての説明では、専門用語を控えめにして、誰でも理解できる用語を使う必要があります。とくにトラブル発生時にヒアリングするときや、解決策を説明するときには、相手に理解してもらえているかを確認しながら丁寧に説明しましょう。

■誰でも理解できる用語を使う

> 相手が理解しやすい用語を使い、相手を確認しながら説明する

● 4つのリテラシーで社員のスキルアップ

「リテラシー」とは、ある分野の知識や技能を身に付け、必要な情報を探して活用するスキル（能力）のことです。ITに関するリテラシーとしては、「情報リテラシー」「コンピューターリテラシー」「ネットワークリテラシー」「メディアリテラシー」の4つが知られています。これら4つのリテラシーは、それぞれ情報セキュリティのスキルを含んでいます。

4つのリテラシーは、業務の効率化や生産性の向上のために必要なものです。各社員にその重要性を理解してもらい、スキルアップのモチベーションを引き出すことは、ネットワークの使いやすさの改善につながるといえます。

■ITに関する4つのリテラシー

情報リテラシー	情報の整理や分析などを行う能力
コンピューターリテラシー	ハードウェアやソフトウェアの操作、プログラミングなどの知識
ネットワークリテラシー	インターネットを介した情報の収集と発信、倫理などの知識
メディアリテラシー	情報の識別や評価などの処理能力

まとめ

- **OSやソフトウェアは統一し、ネットワーク管理を複雑にしない**
- **ネットワーク関連の用語は控えめにし、やさしい言葉で説明する**
- **機器を利用し、情報を収集し、活用する能力を向上させる**

第5章

ネットワークのトラブルに対応しよう

01 ネットワークの 通信速度が遅い

ネットワークの通信速度が遅くなる原因はいろいろあります。社内LAN構成図を使い、ネットワークのパフォーマンスを確認しながら、遅い箇所を特定しましょう。ネットワークの構成を見直すことも必要です。

● 通信速度が遅くなる原因と対策

この章では、以下に挙げるような、ネットワークの通信速度が遅くなる主な原因と対策について説明します。

■ 通信速度が遅くなる主な原因と対策

原　因	対　策
ソフトウェアの自動更新やフォルダー共有などの非効率的な設定	ネットワークの目的や運用ルールを明確にし、不要なソフトウェアの自動更新やフォルダー共有を停止する
新旧のネットワーク機器の混在	LANケーブル、ハブ、ネットワーク機器などは定期的に更新し、常に最新の状態にする
何らかの設定変更	誰かが変更したのか、自動的に変更されたのかなどを確認する
特定の回線や機器への通信の集中	ネットワーク上に流れているパケットデータを監視し、ハブの配置や設定などでデータ量を調整する
無線LAN親機と子機との干渉（周波数の帯域の問題）	親機と子機の台数を適切にし、無線LANのチャネルや周波数の帯域を調整する
ネットワーク上でパソコン名とIPアドレスを結び付ける余分な手順	ネットワークのワークグループで、すべてのパソコンや周辺機器はブロードバンドルーターのDHCPを使う設定にする
パソコンやサーバーの配置	サーバーはブロードバンドルーターに近いところに配置する

● 通信速度が遅い箇所の特定

まずは平常時にどれくらいの通信速度があるかを把握するために、大容量のファイルを使って定期的に送受信の時間を計測しておきます。その記録をもとに、どの箇所でどれくらい遅くなっているかを分析しましょう。

その際、ブロードバンドルーターやハブ、パソコン、サーバーなどの配置と仕様などが明記された社内LAN構成図（110ページ参照）が重要です。構成図をもとに、通信速度が遅くなっている箇所を見つけ、その原因を探ります。

● 有線LANと無線LANの調査

有線LANの場合は、通信速度の遅いパソコンのLANケーブルが折れていないか、ハブとコネクタの接続状態が正常かなどを確認します。次の手順でハブの通信をリセットすると、解決できることがあります。

①ハブの電源オフ
②LANケーブルを抜いて別のLAN端子に再接続
③ハブの電源オン

この操作を別のハブやブロードバンドルーターなどでも行うと、現在の通信がリセットされ、正常な速度に戻ることがあります。

無線LANの場合は、親機の再起動やファームウェア（内部プログラム）のアップデートを実施するほか、電波の干渉にも注意しましょう。電波の干渉とは、同じ周波数の帯域やチャネルを使う電波が増えることで、通信速度が

■無線LAN親機どうしの干渉

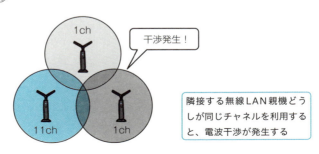

隣接する無線LAN親機どうしが同じチャネルを利用すると、電波干渉が発生する

■有線LANと無線LANが混在したネットワークの構成例

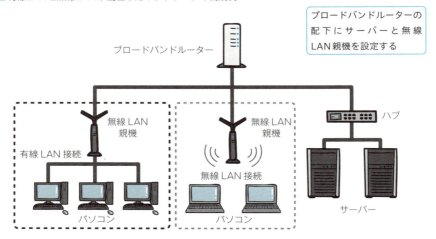

低下する現象です。チャネルを変更し、干渉しにくい5GHz帯の周波数を使いましょう。

　有線LANと無線LANが混在したネットワークの場合は、ブロードバンドルーターの配下にサーバーと無線LAN親機を設定し、その配下に有線LANとそのほかの無線LAN親機を設定しましょう。

● パソコンのOSと使用状況の調査

　ネットワークが遅いときは、個別のパソコンのOSや使用状況が原因の場合もあります。パソコンのパフォーマンスは、OSのバージョンやエディション、同時に使用するソフトウェアの数などによって変化します。OSやソフトウェアの使用状況などを確認し、同時に起動しているソフトウェアが多すぎる場合は、不要なものを終了してパソコンの負荷を軽減しましょう。

用語解説

⊙ DHCP

Dynamic Host Configuration Protocolの略。ネットワークに接続するパソコンや機器などにIPアドレスを自動的に割り当てるしくみ。

● パソコン名の内部処理の問題

　ネットワーク上では、IPアドレスとパソコン名を使い、パソコンやサーバーの名前を探して接続します。このしくみで接続するときは、ブロードバンドルーターなどに搭載されている「DHCPサーバー」の機能を使い、IPアドレスをパソコンなどに自動的に割り当てましょう。DHCPは、IPアドレスの登録情報を参照する時間を短縮し、ネットワークトラフィックを軽減したり、不具合を解消したりするために開発された機能です。最近のWindowsではDHCPサーバーの使用が標準になっています。また、周辺機器や携帯端末などをネットワークに接続するときは、DHCPを有効にしましょう。

■DHCPサーバーのIPアドレスの自動割り当て機能

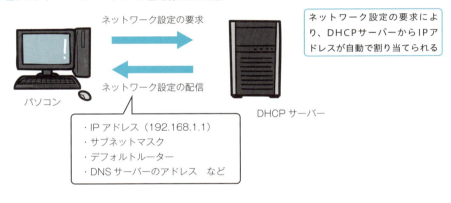

ネットワーク設定の要求

ネットワーク設定の配信

パソコン

DHCP サーバー

ネットワーク設定の要求により、DHCPサーバーからIPアドレスが自動で割り当てられる

・IP アドレス（192.168.1.1）
・サブネットマスク
・デフォルトルーター
・DNS サーバーのアドレス　など

● 通信速度を遅くするそのほかの原因

　通信速度が遅くなっている原因としては、パソコンやサーバーへのアクセスが不必要に増えていることも考えられます。ネットワークの運用ルールを明確化し、共有フォルダーの使い方や、メールに添付するファイルの容量の上限などを決めておきましょう。

まとめ
- ● ネットワークが遅いときはハブやネットワーク機器を再起動してみる
- ● ネットワークのパフォーマンスを定期的に確認する
- ● ブロードバンドルーターのDHCPを使ってIPアドレスを割り振る

ネットワークに接続できない

> ネットワークに接続できないときは、インターネットだけに接続できないのか、社内ネットワークに接続できないのかを切り分けます。その上で、LANケーブルが抜けていないか、設定変更による影響がないかなどを確認しましょう。

● 原因の切り分けと解決方法

　ネットワークに接続できないときは、まずインターネットに接続できないのか、社内ネットワークに接続できないのかを確認します。Webページが表示されなくても、ほかのパソコンや機器に接続できるようなら、インターネットだけに接続できないことになります。具体的には、Webページを表示すると「接続できません」などと表示されるものの、共有フォルダーなどには接続できる状態です。プロバイダーとの接続の問題が考えられるので、ブロードバンドルーターを再起動してみます。

　パソコンの設定を変更していないのに、急にネットワークに接続できなくなったときは、パソコン以外を確認しましょう。Windowsの画面右下の通知領域にあるネットワークのアイコンに「×」が付いているときは、通信・ネットワーク機器やハブへの接続不良、または故障、LANケーブルの不良などが考えられます。コントロールパネルの［ネットワークとインターネット］→［ネットワークと共有センター］から［アダプターの設定の変更］をクリックし、ネットワークの状態を確認しましょう。

■通知領域のエラー表示

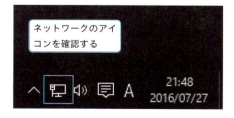

ネットワークのアイコンを確認する

■ネットワークが無効の状態

「無効」と表示されていると、ネットワークに接続できていない

● 有線LANと無線LANによる接続の確認

社内ネットワークに接続できないときは、有線LANの場合はLANケーブル、ハブ、ブロードバンドルーターなどの接続状態を確認します。無線LANの場合は、通知領域にある無線LANのアイコンを選択し、一覧から無線LAN親機の接続先名称（SSID）を確認して、管理している親機かどうかを確認します。隣接する別の親機が表示されたり、社内で新しい親機が稼働したり、という場合があるかもしれません。

ハブのコネクタの不良が原因になることもあります。その場合は、ハブの別のコネクタにLANケーブルを差し替えると、ネットワークに再接続されます。接続されない場合は、ハブかLANケーブルの故障です。

ネットワークに接続できない主な要因

□ パソコンやハブのLANケーブルが外れた、破損した
□ ブロードバンドルーターやハブなどの通信機器が故障した
□ ブロードバンドルーターのDHCPとの接続が変更された
□ パソコンのハードウェアが故障した、起動時の設定が変更された
□ パソコンにソフトウェアをインストールした、設定が変更された

逆に、インターネットには接続できるのに、社内ネットワークに接続できないときは、Windowsのネットワーク検索が無効になっている、ワークグループ名を間違えているなどの原因が考えられます。また、たとえば自分のワークグループ「ワークグループA」と別のワークグループ「ワークグループB」がある環境で、ワークグループBに参加してパスワード保護共有を有効にしている場合、そのワークグループB内には表示されますが、ワークグループAからワークグループBの別のパソコンにはアクセスできないので注意しましょう。

まとめ
- 接続できないのはインターネットか、社内ネットワークかを確認
- LANケーブルやハブなどの通信・ネットワーク機器を確認
- 無線LAN親機の接続状態や設定変更を確認

共有フォルダーに保存した
ファイルが開けない

ネットワーク上の共有フォルダーなどに保存したファイルが開けないときは、「いつから開けないか」「誰が保存したか」を確認します。もし、ファイルが破損していた場合は、ファイル修復ソフトを使うことも検討しましょう。

● よくある原因とエラーメッセージ

　ネットワーク上の共有フォルダーなどに保存したファイルが開けなくなることがあります。表示されるエラーメッセージは解決のための手がかりとなるので、必ずメモをとっておきましょう。

　原因はいくつか考えられます。たとえば、共有フォルダーへの保存時にファイル名の拡張子を間違えると、開けなくなることがあります。ほかのユーザーがファイルを使用しているときは、開けないようにロックされることもあります。

　また、共有フォルダーに保存したユーザーの権限と、開こうとしているユーザーの権限が異なると、開くことができません。権限の設定は、目的のファイルを右クリックし、表示されたメニューから［プロパティ］を選択して［セキュリティ］タブで設定します。

　権限は正しいのにファイルが開けない場合は、ほかのユーザーが開けるかどうかを確認しましょう。管理者の権限を使っても開けない場合は、ファイルが破損している可能性があります。

■ファイルのセキュリティ設定

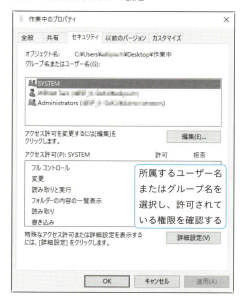

所属するユーザー名またはグループ名を選択し、許可されている権限を確認する

● HDDのエラーの確認と修復

　ファイル名や更新日時、種類、サイズなどの属性が表示された状態で、コピーはできても開けない場合は、ファイルが破損した可能性があります。ファイルの保存時に完全な状態で保存できなかったことが原因の場合は、ファイルを作成したソフトウェアで開くと修復できることがあります。

　また、HDDの故障によりファイルシステムの目次（インデックス）が破損していたり、正常に読み込めなかったりすると、ファイルが開けません。これを復旧するには、HDDを検査し、トラブルや異常がないかを確認します。Windowsに標準で搭載されているエラーチェックのプログラムを実行し、インデックスやファイルの修復を試みましょう。WindowsのHDDを右クリックし、表示されたメニューから［プロパティ］を選択して［ツール］タブの［エラーチェック］の［チェック］をクリックします。もし修復できない場合は、市販のHDD修復ソフトで復旧できる可能性があります。

■Windowsのエラーチェック

［ツール］タブからエラーチェックを実行する

まとめ

- ● 突然、開けなくなった場合はエラーメッセージをメモしておく
- ● セキュリティ設定でファイルの権限が正しいかを確認する
- ● WindowsのエラーチェックでHDDが破損していないかを確認する

ネットワーク上のプリンターで印刷できない

プリンターで印刷できないトラブルが発生したときは、原因がネットワークにあるのか、パソコンやプリンターにあるのかを切り分けましょう。直前に行った操作により、プリンターの設定が変わってしまうこともあります。

● 原因の切り分けと特定

　プリンターで印刷できないトラブルは、プリンターの問題か、パソコンとプリンターの接続や設定の問題か、原因の切り分けが必要です。

　印刷を実行したときにプリンターが反応し、プリンターにエラー状態が表示される場合は、エラーメッセージを確認し、プリンターのマニュアルなどで対処法を調べましょう。印刷を実行してもプリンターが反応しない場合は、プリンターの接続や設定の問題が考えられます。それまでは正常に印刷できていたのであれば、以下の項目を確認してみましょう。

接続や設定の確認

□ エクスプローラーのネットワーク上にプリンターが表示されているか？
□ プリンター側のIPアドレスがDHCPを利用する設定になっているか？
□ パソコンからプリンターまでの配線（LANケーブルなど）は正常か？
□ 目的のプリンターが［通常使うプリンター］に設定されているか？
□ プリンターのポート設定は正しいか？
□ 印刷ドキュメントを削除すると、印刷できるようになるか？
□ プリンターのプロパティ画面からテストページを印刷できるか？
□ プリンタードライバーの再インストールで印刷できるようになるか？

● 印刷待ちによる停滞を解消する

　プレゼンテーションの資料や会議の報告書など、日常的な業務で大量に印刷する企業では、ピーク時に印刷の順番待ちが発生することがあります。と

くに大容量の画像データを使ったファイルや、ページ数の多いファイルなどは、印刷が終了するまでに時間がかかります。

　印刷の停滞が発生しやすい企業では、「プリントスプーラー」に設定したパソコンを経由して印刷すると、停滞を解消できます。プリントスプーラーには、さまざまなパソコンから送信された印刷データを預かり、順次プリンターへ送信する機能があります。プリントスプーラーの機能を使うと、印刷の開始から終了までの間、パソコンの処理能力が印刷作業に占有されることなく、パフォーマンスを維持したまま別の作業を行うことができます。プリントスプーラーに設定するパソコンには、通常の業務で使うパソコンではなく、新機種と入れ替えた型落ち品のパソコンなどを使うとよいでしょう。

■パソコンとプリンターの接続

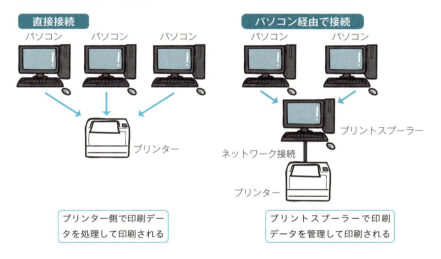

直接接続
パソコン　パソコン　パソコン
プリンター

パソコン経由で接続
パソコン　パソコン
プリントスプーラー
ネットワーク接続
プリンター

プリンター側で印刷データを処理して印刷される

プリントスプーラーで印刷データを管理して印刷される

● プリントスプーラーの設定

　あらかじめ、プリントスプーラーに設定するパソコンと、プリントスプーラー経由でプリンターに接続するパソコンを同じワークグループに設定しておきます。その後、プリントスプーラーに設定するパソコンにネットワーク経由またはUSBケーブルでプリンターを接続します。

　続いてプリンターを共有の設定にします。コントロールパネルの［ハードウェアとサウンド］→［デバイスとプリンター］から、目的のプリンターを右クリックして、表示されたメニューの［プリンターのプロパティ］をクリック

します。プリンターのプロパティのダイアログボックスが表示されたら、［共有］タブをクリックし、［このプリンターを共有する］にチェックを付けます。

■プリンターのプロパティのダイアログボックスで共有の設定を行う

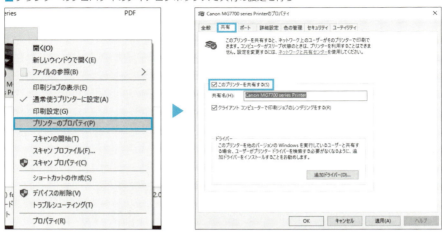

　次に、プリントスプーラーに設定するパソコンでプリンターの共有設定を確認します。コントロールパネルの［ネットワークとインターネット］→［ネットワークと共有センター］をクリックします。［ネットワークと共有センター］ウィンドウが表示されたら、［共有の詳細設定の変更］をクリックします。［共有の詳細設定］ウィンドウが表示されたら、以下の設定を確認します。

共有設定の確認

　　□［ネットワーク探索］の［ネットワーク探索を有効にする］を選択する
　　□［ファイルとプリンターの共有］の［ファイルとプリンターの共有を有効にする］を選択する
　　□［すべてのネットワーク］を展開し、［パスワード保護共有］で［パスワード保護共有を有効にする］または［パスワード保護共有を無効にする］を選択する

　プリンターの共有設定が完了したら、印刷の設定を確認します。上記と同様に操作し、プリンターのプロパティのダイアログボックスを表示します。［詳細設定］タブをクリックし、［印刷ドキュメントをスプールし、プログラムの印刷処理を高速に行う］が選択されていることを確認します。

● プリントスプーラーを利用するパソコンの設定

プリントスプーラーの設定が完了したら、各パソコンにプリンターを追加します。コントロールパネルの［ハードウェアとサウンド］→［デバイスとプリンター］から、［プリンターの追加］をクリックします。［プリンターの追加］ウィンドウが表示されたら、目的のプリンターを選択し、［次へ］をクリックします。

ここでプリンターが表示されない場合は、［プリンターが一覧にない場合］をクリックします。［プリンターの追加］ウィンドウが表示されたら、［共有プリンターを名前で選択する］を選択し、［参照］をクリックします。ネットワーク上のパソコンの一覧が表示されたら、プリントスプーラーに設定したパソコンを選択し、［選択］をクリックします。プリンターの一覧が表示されたら、目的のプリンターを選択し、［選択］をクリックします。［プリンターの追加］ウィンドウに戻り、［次へ］をクリックし、ユーザーアカウント制御の対応やテストページの印刷を行って、正常に印刷できるかを確認しましょう。

プリンターが追加されると、そのプリンターから印刷するときには、プリントスプーラーのパソコンの印刷設定が引き継がれます。

■プリンターの追加

［プリンターの追加］をクリックする

プリンターが表示されない場合は、プリントスプーラーのパソコンからプリンターを選択する

まとめ
- 「ネットワーク」「パソコン」「プリンター」の状況で切り分ける
- パソコンやプリンターで何らかの設定変更があったかを確認する
- プリントスプーラーの機能を使うと印刷の停滞を解消できる

インターネットに接続できない

インターネットに接続できないトラブルでは、インターネットに接続できないだけなのか、社内ネットワークに接続できないのかを確認します。その上で、どこまで接続できるかを確認しながら原因を特定します。

● 原因の切り分け

インターネットに接続できないトラブルは、パソコンからブロードバンドルーターまでの配線、接続されている機器の設定変更や故障などが原因と考えられます。社内LAN構成図をもとに、パソコンからブロードバンドルーターまでの配線や機器などの状態を確認しましょう。

まず、インターネットに接続できないだけなのか、その手前にある社内ネットワークに接続できないのか、原因を切り分けます（138ページ参照）。その後、トラブルが発生しているパソコンと同じハブに接続されている別のパソコンの状況を確認し、それからブロードバンドルーターに近いパソコンやサーバーへの接続を確認します。

● ネットワークへの接続の確認

社内ネットワークに接続し、ほかのパソコンは確認できるものの、Webページを表示できない、メールの送受信ができないなどの場合は、インターネット接続で何らかの障害が発生しています。インターネット接続を管理しているブロードバンドルーターを確認しましょう。

パソコンからブロードバンドルーターまでが正しく接続されているかを確認するには、エクスプローラーの［ネットワーク］をクリックし、［ネットワークインフラストラクチャ］に表示されているブロードバンドルーターをダブルクリックします（環境によっては「ネットワークインフラストラクチャ」が表示されないこともあります）。ブロードバンドルーターの管理者のユーザー名とパスワードでログインすると、基本設定や接続状態などを確認できます。

■ ネットワークインフラストラクチャ

［ネットワーク］の［ネットワークインフラストラクチャ］から接続状態を確認できる

● ブロードバンドルーターの確認

　社内全体でインターネットに接続できないときは、ブロードバンドルーターの故障も原因として考えられます。ブロードバンドルーターは自動的にシステムの更新や再起動を行いながら、連続で運用できるようになっていますが、ほこりや熱の影響により故障する場合もあります。念のため、電源ケーブルを抜き差しし、再起動してみましょう。ブロードバンドルーターのランプが点灯したら、マニュアルなどを参考に状況を確認します。

■ ブロードバンドルーターのランプの例

ランプ	状況と対応
パワー	消灯している場合は電源が入っていない。コンセントやケーブルを確認する。またはECOモードなどが有効になっていないかを確認する。
アラーム	点灯している場合はブロードバンドルーターに何らかの問題がある。再起動を試みる。改善しない場合はブロードバンドルーターのメーカーに問い合わせる。
PPP	点灯（機種によっては消灯）している場合はログインIDかパスワードが間違っている可能性がある。ログインIDとパスワードを確認する。
WAN	消灯している場合はモデムの接続に問題がある。モデムと正しく接続されているかを確認する。
ワイヤレス	消灯している場合はWi-Fiが有効になっていない。モバイルルーターの設定を確認する。

パソコンからブロードバンドルーターに正しく接続されており、ブロードバンドルーターに故障がないようであれば、インターネットに接続するプロバイダー側の問題の可能性が高くなります。プロバイダーのサポート窓口に連絡し、こちらの状況を説明して、先方に異常がないかを確認しましょう。

● パソコンの設定の確認

　インターネットに接続できない原因は、パソコンの設定変更である場合もあります。パソコンのネットワークが使えるか、ブロードバンドルーター内蔵のDHCPを使う設定になっているかを確認しましょう。

　有線LANの場合は、コントロールパネルの［ネットワークとインターネット］→［ネットワークと共有センター］から［アダプターの設定の変更］をクリックし、ネットワークへの接続状態を確認します。［ネットワーク］と表示されていれば、接続されています。

　［無効］と表示されている場合は、アイコンを右クリックし、表示されたメニューから［有効にする］を選択します。［ネットワークケーブルが接続されていません］と表示されている場合は、LANケーブルを確認します。［ローカルエリア接続］が表示されていない場合は、有線LANで使用しているネットワークアダプターのドライバーが正しく認識されていない状態で、ドライバーを再インストールすると解決することがあります。［識別されていないネットワーク］と表示されている場合も、ドライバーを再インストールしてみましょう。

　無線LANの場合は、［ワイヤレスネットワーク接続］が表示されます。接続できない場合は、パソコンに無線LANをオン／オフするスイッチがあれば、オフになっていないかを確認します。通知領域にある無線LANのアイコ

■ 有線LANの接続

ファイル(F)	編集(E)	表示(V)	ツール(T)	詳細設

整理 ▼

ローカル エリア接続(LAN)
ネットワーク 2
Realtek PCIe FE Family Controller

［ネットワーク］と表示される

■ 無線LANの接続

設定(N)　ヘルプ(H)

ワイヤレス ネットワーク接続
gennai-air11g 2
Broadcom 802.11g Network Adap...

［ワイヤレスネットワーク接続］と表示される

ンに赤い［×］が付いているときは、無線
LANで使用しているネットワークアダプ
ターのドライバーを再インストールしま
す。

［×］が付いているときはドラ
イバーを再インストールする

● ブラウザの設定の確認

　ソフトウェアのインストールやブラウザのバージョンアップにより、ブラ
ウザの設定が変更され、インターネットに接続できなくなることがあります。
その場合はブラウザの設定を確認し、初期状態に戻しましょう。メールソフ
トもバージョンアップなどが行われていないかを確認します。

　また、企業では通常は使いませんが、情報漏えいやインターネットの脅威
から家族を守る「ペアレンタルコントロール」を使っている場合に、通信が
ブロックされることがあります。ウイルス対策ソフトの設定画面でそれらの
機能をオフにして確認しましょう。

■ 「ウイルスバスタークラウド」のペアレンタルコントロール

まとめ
- 「社内ネットワーク」「ルーター」「パソコン」の原因を切り分ける
- ブロードバンドルーターの動作やプロバイダーの障害情報を確認する
- パソコン側のブラウザやソフトウェアの設定を確認する

06 メールの送信・受信が できない

メールの送信と受信は、それぞれ別のメールサーバーを経由して処理されており、問題が発生したときはサーバーによって原因が異なります。まずはメールソフトのエラーメッセージをもとに原因を探りましょう。

● メールソフトの設定の確認

　メールの送信や受信ができなくなった場合は、まずメールソフトのメールアカウント名やパスワード、サーバーの認証、セキュリティなどのアカウント設定を確認しましょう。それまでは正常にメールを送受信できていたのであれば、いずれかの設定が変更された可能性があります。

　また、エラーメッセージが表示されたときは、メールソフトごとにエラー内容を確認しましょう。エラーIDの番号により、エラーの原因がわかり、メールソフトのマニュアルなどでその対応を確認できます。

■ 「Outlook」のエラーメッセージ

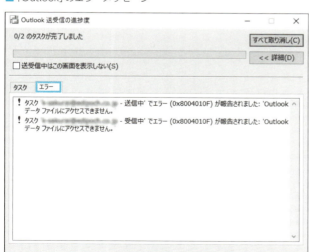

［エラー］タブに表示されているエラーIDを確認する

	エラー ID と概要	対 応
送信	0x800CCC80 メールサーバーにログオンできない	アカウント設定を表示し、メールアカウント名や送信サーバーの認証、サーバーのポート番号を確認する。またはメールアカウントを削除し、再作成する。
	0x8004210B メールサーバーに接続できない	アカウント設定を確認する。ウイルス対策ソフトが影響している可能性もあるので、ウイルス対策ソフトを一時停止して送信できるか試す。
送受信	0x80040900 メールサーバーに接続できない	アカウント設定の不良や、ウイルス対策ソフトの影響、メールサーバーの障害などの可能性がある。それらを確認して問題がない場合は、メールクライアントの再インストールを試す。
	0x80042108 メールサーバーに接続できない	メールアカウントの破損や、ウイルス対策ソフトの影響などの可能性がある。メールアカウントの再作成やウイルス対策ソフトの一時停止を試し、改善しなければHDDの修復を試す。
	0x80048002 受信中に取り消された	プロファイルの設定ファイルの破損や、ウイルス対策ソフトの影響などの可能性がある。プロファイルの新規作成やウイルス対策ソフトの設定の見直しを試す。
	0x800CCC92 メールサーバーの認証ができていない	アカウント設定を確認し、メールアカウント名とパスワードを再設定する。またはメールアカウントを再作成する。
	0x800CCC0D メールサーバーに接続できない	アカウント設定を表示し、メールアカウント名や送信サーバーの認証、サーバーのポート番号を確認する。またはメールアカウントを再作成する。

第 5 章　ネットワークのトラブルに対応しよう

● プロバイダーの障害情報の確認

　中小企業では、プロバイダーやホスティング事業者が提供するメールサーバーを利用している場合がほとんどです。プロバイダーによっては、迷惑メール対策やウイルス対策のための改善作業を行っており、その影響で障害が発生する場合もあります。メールが送受信できないときは、契約先のプロバイダーの障害情報を確認し、プロバイダーに問い合わせましょう。

また、古いメールソフトを使っていると、プロバイダー側でパスワードの暗号化機能などの設定を変更したときに、メールを送受信できなくなることがあります。プロバイダーのWebサイトで、対応しているメールソフトの種類とバージョンなどを確認しておきましょう。

社内ネットワークで独自にメールサーバーを構築している場合は、サーバーOSの記録などを参考にトラブルの原因を把握します。

● 受信と送信のどちらができないかを確認

メールを受信できない場合

受信ができない場合は、ほかのユーザーが受信できるかどうかを確認します。特定のユーザーだけが受信できない場合は、そのユーザーのメールソフトの設定を確認しましょう。たとえば、迷惑メールの設定でメールを受信できなくなっていたり、受信したメールが迷惑メールだと誤認識されて、迷惑メールフォルダーに保存されていたりすることがあります。

また、受信後にメールサーバーにメールを残さない設定にしている場合、別の端末で受信したあとに、パソコンで受信できなくなることもあります。

メールを送信できない場合

送信ができない場合は、誰にも送信できない、特定のユーザーに送信できない、パソコンには送信できるが携帯端末のメールアドレスには送信できない、

■ 「Outlook」の迷惑メールの設定

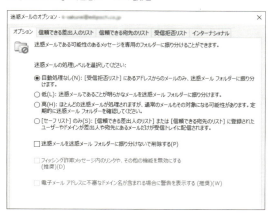

迷惑メールの処理レベルを確認し、迷惑メールフォルダーに自動的に振り分けられないようにする

などのケースが考えられます。メールソフトの設定は正しいのに誰にも送信できない場合は、送信メールサーバーの認証が間違っている可能性が考えられるので、確認して正しい認証に変更します。

　特定のユーザーに送信できない場合は、さまざまな原因が考えられます。よくあるケースは、「メールボックスがいっぱいで送信できませんでした」という意味のメッセージが戻ってくる場合です。これは、送信先のメールサーバーに大量のメールが溜まり、容量の上限をオーバーしたことが原因です。この場合は、送信相手に電話をかけるなどして、サーバー内の不要なメールを削除するなどの対応をお願いしましょう。

　また、「不明なアドレスです」「ユーザーが見つかりません」という意味のメッセージが戻ってくる場合は、メールアドレスが間違っているか、メールアカウント自体が削除されている可能性が考えられます。携帯端末に送信できない場合は、キャリア（携帯端末の回線事業者）の設定で迷惑メールとして処理されていることがあります。

■受信ボックスがいっぱいになる

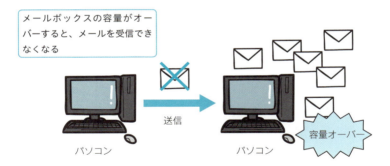

メールボックスの容量がオーバーすると、メールを受信できなくなる

送信

パソコン　　　　　　　パソコン

容量オーバー

まとめ
- メールソフトのエラーメッセージをもとに原因を探る
- プロバイダーやホスティング事業者の障害情報を確認する
- 迷惑メールに振り分けられていないかを確認する

07 ネットワーク上のサービスが利用できない

頻繁に利用するネットワーク上のサービスに接続できなくなると、業務が中断してしまいます。サービス事業者とトラブル発生時の対応を確認し、社内ネットワークの障害時に接続する方法を検討しておきましょう。

● サービスに接続できない原因を探る

　業務で利用しているグループウェアやオンラインストレージなどのネットワーク上のサービスに接続できなくなると、業務が停止し、重大な損害が発生するおそれがあります。このようなトラブルの原因としては、「パソコンの設定が変更された」「サービス事業者側で問題が発生した」などが考えられます。早急にサービスに接続できる状態にするため、以下の手順で原因を探りましょう。

　VPNなどの専用回線を使わないサービスの場合は、「モバイルWi-Fiルーター」などを使い、別の回線からインターネットに接続して動作を確認します。それでも解決できない場合は、サービス事業者へ連絡しましょう。トラ

■ トラブルの原因を探る

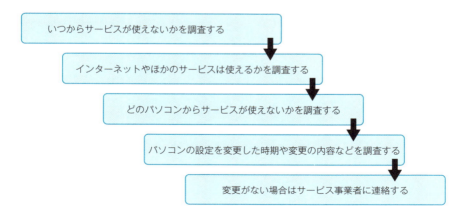

いつからサービスが使えないかを調査する

インターネットやほかのサービスは使えるかを調査する

どのパソコンからサービスが使えないかを調査する

パソコンの設定を変更した時期や変更の内容などを調査する

変更がない場合はサービス事業者に連絡する

ブルの発生時期と内容、社内ネットワークやパソコンの設定、トラブル前の
サービスの利用状況などをまとめて伝えると、解決がスムーズに進みます。

● トラブル発生時の対応を検討しておく

　ネットワーク上のサービスの中でも、とくに頻繁に利用するサービスが中
断すると、大きな支障につながりかねません。トラブル発生時の対応につい
て、平常時にサービス事業者に確認しておきましょう。

　ネットワーク自体のトラブルでサービスを利用できない場合は、別の方法
でサービスに接続できるように、パソコンやサーバーの接続設定を控えてお
きます。たとえば、通常は高速の有線LANを使い、トラブル発生時には無線
LANに切り替えるなどを検討します。また、ブロードバンドルーターの故障
などでインターネットに接続できない場合に備え、予備のモバイルWi-Fiルー
ターなどを使ってインターネットに接続できるようにしておきます。

　予備のモバイルWi-Fiルーターを用意する場合、運用の開始／停止は通信
事業者のWebサイトからかんたんに切り替えることができます。また、通信
事業者によっては、利用しないときの基本料金が不要、プリペイド（前払い）
での支払いが可能などの契約もできます。いろいろ比較し、条件のよい通信
事業者を選択しましょう。

■ 障害時にモバイルWi-Fiルーターを活用

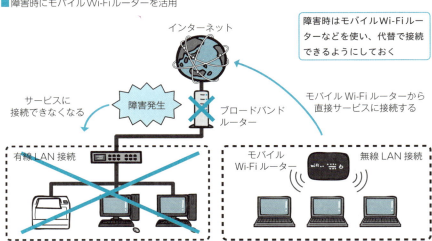

モバイル Wi-Fi ルーターには、有線LAN端子付きのものがあります。この場合、有線LANを使えば、ブロードバンドルーターのように使うこともできます。

　なお、モバイル Wi-Fi ルーターの多くは、同時接続が可能な端末数に制限があります。スマートフォンやタブレット端末も1台として数えられるので、パソコンを含めた接続台数を調整する必要があります。

■ モバイルWi-Fiルーターと有線LAN付き拡張ユニット

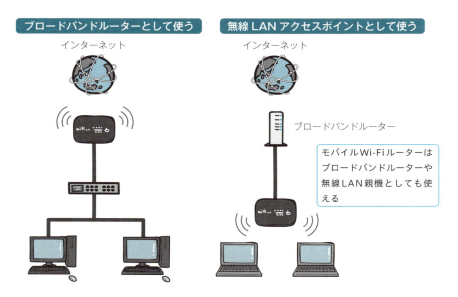

| ブロードバンドルーターとして使う | 無線 LAN アクセスポイントとして使う |

インターネット　　　　　　　　　インターネット

ブロードバンドルーター

モバイルWi-Fiルーターはブロードバンドルーターや無線LAN親機としても使える

まとめ
- パソコンの設定を確認し、別のパソコンからの接続を試みる
- パソコンやルーターが正常であればサービス事業者に問い合わせる
- トラブル発生時に中断しないように別の接続方法を用意しておく

用語解説

◉ **モバイルWi-Fiルーター**
　インターネット用のモバイルブロードバンド回線で接続する、電池内蔵型の小型の通信機器。ルーターと無線LAN親機の機能を備える。

第6章

ネットワークを拡張しよう・機器を追加しよう

パソコンをネットワークに追加しよう

新しくパソコンを追加するときは、まずパソコンの用途を考え、OSの種類やエディションを選択します。また、新しいパソコンをネットワークに接続するときは、ワークグループやネットワークの種類を統一しましょう。

● 導入するパソコンの検討

　新入社員の入社や業務の拡張などにより、新しいパソコンやサーバーなどを用意し、ネットワークに追加するケースがあります。その場合は、予算とパソコンの用途を考慮し、最適な機種を選択しましょう。

　フォルダーを共有してファイルサーバーとして使ったり、大容量のデータを扱ったりするときには、HDDを増設しやすく、比較的パフォーマンスの高いデスクトップパソコンを選択します。それ以外の個人が使うパソコンは、ノートパソコンで十分です。標準的なノートパソコンには、有線LANと無線LANの機能が搭載されており、トラブルで有線LANが使えない場合や、ハブなどのネットワーク機器がない場合でも、ネットワークに接続できるので便利です。

　パソコンは予算のかけられる範囲内で、CPUとメモリーが充実している機

■ デスクトップパソコンとノートパソコンの比較

	デスクトップパソコン	ノートパソコン
携帯性	携帯できない	よい
設置スペース	スペースが必要	省スペース
拡張性	高い	限定されている
性能	よい	限定されている
コストパフォーマンス	よい	割高
メリット	部品交換がしやすく、拡張性が高い	停電時でも一定時間は使用でき、持ち運びしやすい

種を選択します。CPUよりもメモリーのほうがWindowsの操作に影響するので、まずはメモリーの容量を重視します。

　パソコンはいつ故障するかわかりません。バックアップ対策を行うだけではなく、故障時の保守サポートも加入しておくと安心です。ただし、パソコンは技術革新のスピードが速いので、3年から4年で旧世代になります。世代交代が早いパソコンで長期間の保守サポートに加入するより、導入してある程度の期間が経過したら新しい機種に買い換えるほうが、パフォーマンス的に有利になるケースが多いことを考慮しましょう。

　Windowsのエディションも重要な検討材料です。個人向けのエディションには、社内ネットワークでの使用に必要な機能のうち搭載されていないものがあります。社内ネットワークを管理しやすいように、企業向けの「Pro」エディションを選択しましょう。

■Windows 10の主なエディション

Windows 10	エディション	対象端末	概　要
個人向け	Home	パソコン タブレット端末	個人向けのデスクトップエディション
	Mobile	スマートフォン タブレット端末	小型のタッチ操作が中心の携帯端末
個人・小規模 企業向け	Pro	パソコン タブレット端末	Homeエディションに企業向けの機能を追加
企業向け	Enterprise	パソコン タブレット端末	Proエディションにより強力なセキュリティ機能、さまざまな管理機能を追加
教育機関向け	Education	パソコン タブレット端末	Enterpriseエディションに教育機関向けの機能を追加

● ワークグループ名の設定

　最新のWindowsでは、有線LANや無線LAN、DHCPの機能が標準で使えます。ネットワークは「WORKGROUP」という名前のワークグループに設定されています。パソコンの購入後、このワークグループのネットワーク上に有線LANもしくは無線LANでパソコンを接続し、初回のセットアップ作

業を行うと、IPアドレス、パソコン名、ユーザーIDなどが自動的に登録されます。ワークグループ名は、コントロールパネルの［システムとセキュリティ］→［システム］をクリックし、［ワークグループ］の表示で確認できます。

　既定のワークグループ名は、Windowsのバージョンによって異なるので、注意が必要です。Windowsのバージョンが混在しているネットワークでは、すべてのパソコンを同じワークグループ名（WORKGROUP）に設定しましょう。設定は、コントロールパネルの［システムとセキュリティ］→［システム］から［コンピューター名、ドメインおよびネットワークグループの設定］の［設定の変更］をクリックします。［システムのプロパティ］ダイアログボックスが表示されたら、［変更］をクリックし、［ワークグループ］欄に「WORKGROUP」と入力して、［OK］をクリックします。

　なお、Windows XP以前のWindowsはサポートが終了しているので、最新のWindowsにアップグレードするか、パソコンを入れ替えましょう。

● ネットワークの種類の選択

　コントロールパネルの［ネットワークとインターネット］→［ネットワークと共有センター］をクリックすると、［アクティブなネットワークの表示］にネットワークの種類が表示されています。ネットワークの種類は、無線LANなどを追加したり再設定したりするときに設定する必要があるので、社内ネットワークを選択するようにしましょう。ネットワークの種類は、コントロールパネルの［システムとセキュリティ］→［Windowsファイアウォール］に、プライベートネットーワークとパブリックネットワークの設定があります。画面左側にある［詳細設定］をクリックすると、［セキュリティが強化されたWindowsファイアウォール］が表示され、詳細な設定が可能です。

　ネットワークの種類を変更する方法は、Windowsのバージョンによって異なります。Windows 10の場合は、スタートメニューの［設定］をクリックします。［設定］ウィンドウが表示されたら、［ネットワークとインターネット］をクリックし、無線LAN接続は［Wi-Fi］、有線LAN接続は［イーサネット］をクリックして、接続済みのネットワーク名をクリックします。表示された画面の上部にあるボタンをオンにするとプライベートネットワーク、オフにするとパブリックネットワークになります。

　Windows 8.1の場合は、チャームの［設定］をクリックし、［PC設定の変更］

をクリックします。[PC設定] ウィンドウが表示されたら、[ネットワーク] をクリックし、[接続] の接続済みのネットワーク名をクリックして、表示された画面の上部にあるボタンでオン／オフを切り替えます。

Windows 7の場合は、コントロールパネルの [ネットワークとインターネット] → [ネットワークと共有センター] をクリックし、[アクティブなネットワークの表示] のネットワークの種類をクリックすると、[ネットワークの場所の設定] ウィンドウで種類を変更できます。

■「ネットワークの種類」の概要

種　類	意　味
ホームネットワーク （windows 10では プライベートネットワーク）	もっともセキュリティ性の低い設定。家庭内のような閉じた環境のネットワークが対象。ネットワークの探索によって、ほかのパソコンを見つけることができ、自分のパソコンはほかのパソコンから見つけられるようにパソコン名を告知する。主にワークグループで運用される。
社内ネットワーク （windows 10では未構成）	ホームネットワークとほぼ同じだが、インターネットなどから隔離された比較的安全な環境のネットワークが対象。ほかのパソコンの探索や、自分のパソコン名の告知機能などが有効。ワークグループのほか、ドメイン形態でも運用される。
パブリックネットワーク	インターネットや公衆ネットワーク、無線LAN環境など、もっとも高いセキュリティ性が求められる環境が対象。自分のパソコン名を告知することがなく、ほかのパソコンを探索することもない。可能な限りネットワークを閉じ、外部からアクセスされないようにする。

まとめ
- パソコンのタイプや、Windowsのエディションに注意する
- 入れ替えるサイクルを考えてパソコンを購入する
- ワークグループ名とネットワークの種類を統一する

第6章 ネットワークを拡張しよう・機器を追加しよう

02 周辺機器を追加しよう

プリンターやスキャナーなどの周辺機器をネットワークに接続する方法は、有線LAN、無線LAN、パソコン経由などがあります。Windowsやドライバーのバージョンに注意し、接続方法を検討しましょう。

● ネットワークへの接続方法を確認する

　プリンターやスキャナー、複合機などの周辺機器を新しく導入するときは、ネットワークに接続する方法を確認しておきましょう。

　有線LANの場合は、LANケーブルを接続するだけですが、無線LANの場合は、親機の種類により接続方法が異なります。事前に社内で使っている無線LAN親機に周辺機器を接続する方法を確認しておきましょう。また、パソコンからネットワーク経由で周辺機器に接続すると、どのような機能を利用できるか、機種ごとの違いなども調べておきます。

　ネットワークへの接続方法やドライバーソフトのインストール方法などは、メーカーのWebサイトで公開されているマニュアル（PDF）などで確認できます。実際の運用方法を考えながら、トラブル発生時の対応がわかりやすいWebサイトであるかも検討材料とします。

　また、複合機を導入するときは、トナーカートリッジの補給方法や、ドラムの交換方法、不具合が発生した場合のサポートなども確認しておきます。

■プリンターのLAN端子

● Windowsのバージョンとドライバー

社内ネットワークに周辺機器を接続する場合は、パソコンと同様に、ブロードバンドルーターからIPアドレスが自動的に割り振られるDHCP機能で設定しましょう。

周辺機器のドライバーは、メーカーが機種ごとに開発しています。ドライバーが社内で使っているWindowsのバージョンに対応しているか、どのようなソフトウェアが付属しているかを確認しましょう。最新のWindowsでは、周辺機器を接続したときに、Windows標準のドライバーが自動的にインストールされます。ただし、自動認識が失敗したときや、メーカーのドライバーや追加プログラムが必要なときなどは、手動でインストールする必要があります。その際、ドライバーには32ビット版と64ビット版があるので、Windowsのビット数に合わせてインストールする必要があります。Windowsのビット数を調べるには、コントロールパネルの［システムとセキュリティ］→［システム］をクリックし、［システム］にある［システムの種類］の表示で確認します。

● プリンターをネットワークに登録する

ここではプリンターを例に、ネットワークへの登録方法を解説します。ネットワーク上にプリンターを登録するには、プリンター内蔵の有線LANや無線LANのインターフェイスを利用する方法と、USBケーブルで無線LAN親機に接続してネットワーク上に認識させる方法があります。

有線LANの場合

有線LANの場合は、ネットワークへの接続や設定が容易で、処理速度も安定しています。プリンターのLAN端子にLANケーブルを接続し、DHCP機能を使う設定にして、プリンターの電源を入れます。その後、パソコンのコントロールパネルの［ハードウェアとサウンド］→［デバイスとプリンター］をクリックします。［デバイスとプリンター］ウィンドウで［プリンターの追加］をクリックし、検索されたプリンターをクリックしてドライバーをインストールします。

無線LANの場合

　無線LAN親機の機種により、設定方法がいくつかありますが、ここでは手動で設定する方法を説明します。まず、プリンターの電源を入れ、プリンターの操作画面で無線LANの手動設定を選択します。次に、無線LAN親機のSSID（最大32文字までの英数字の識別名）と、そのパスワードを登録します。無線LAN親機への接続が完了したら、パソコンにプリンタードライバーをインストールし、無線LANのプリンター接続を選択すると、プリンターが検出され、接続が完了します。

USBケーブルで無線LAN親機と接続する

　プリンターに無線LANの機能がない場合は、無線LAN親機とプリンターをUSBケーブルで接続する方法があります。プリンターや無線LAN親機のメーカーが接続のためのソフトウェアを用意しています。

　プリンターと無線LAN親機をUSBケーブルで接続し、パソコンからソフトウェアをインストールします。その後、プリンターが無線LANで利用可能になります。

■プリンターと無線LAN親機のUSB接続

パソコン

無線LAN親機

USB接続

プリンター

> プリンターと無線LAN親機を
> USBケーブルで接続し、ソフト
> ウェアをインストールする

プリントスプーラーの機能を持つNASを経由して接続する

　NASの中にはプリントスプーラー（143ページ参照）の機能を搭載している製品もあります。プリンターと、プリントスプーラーの機能を搭載したNASをUSBケーブルで接続し、さらにLANケーブルでNASと無線LAN親機を接続すれば、無線LAN経由でプリンターを共有できます。プリントス

プーラーの機能により印刷の停滞も発生しにくくなります。

■ プリントスプーラーの機能を持つNASを経由してネットワークに接続

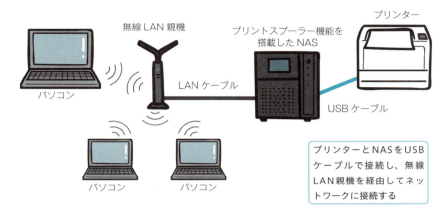

無線 LAN 親機

プリンタースプーラー機能を
搭載した NAS

プリンター

パソコン

LAN ケーブル

USB ケーブル

パソコン　　　　パソコン

プリンターとNASをUSB
ケーブルで接続し、無線
LAN 親機を経由してネッ
トワークに接続する

ドライバーの更新

　プリンタードライバーは、メーカーのWebサイトから最新版をダウンロー
ドして更新しますが、設定ユーティリティによってドライバーを自動的に更
新できる場合もあります。また、ユーザー登録を行うと、メールで更新通知
を配信してもらえる場合もあります。

まとめ

- **Windowsのバージョンや接続方法を考えて周辺機器を選ぶ**
- **周辺機器のIPアドレス設定はDHCP機能を使う**
- **さまざまな接続方法があるが、有線LAN接続が安定している**

第 **6** 章

ネットワークを拡張しよう・機器を追加しよう

03 NASを追加しよう

ネットワーク上でファイルを共有したり、データをバックアップしたりするときは、NASを使うと便利です。NASはネットワークに直結でき、アクセス権限も設定できます。NASの特徴とメリットを押さえておきましょう。

● NASの特徴

NAS（Network Attached Storage）は、HDDが内蔵された、ネットワーク専用の記憶装置です。外付けHDDはパソコンなどに接続してからネットワーク上で共有するのに対し、NASはネットワークに直結できることが特長で、ファイルの共有やバックアップなどに活用すると便利です。

NASはOSのインストールや管理が必要なく、導入が容易で、ユーザー登録を行えばいつでも誰でもファイルを共有できます。ユーザーごとにアクセス権限を設定することもでき、バックアップの設定も手軽にできます。また、連続運用してもパソコンより消費電力が少なくて済みます。

■NASとファイルサーバーの違い

	NAS	ファイルサーバー
OSのインストール	不要	必要
OSの管理	不要	必要
拡張性	なし	拡張しやすい
導入の難易度	低い	高い
CAL（75ページ参照）	不要	ユーザー数に応じる
専門知識	あまり必要としない	多くの知識が必要

● NASのメリット

　ここではNASを利用する場合と、パソコンに接続した外付けHDDを共有する場合とを比較し、NASのメリットを説明します。

処理が速い

　NASは、LANケーブルでネットワークに直結できるので、データの書き込みや読み込みの処理が速くなります。外付けHDDを共有する場合は、Windowsの共有フォルダーの機能を使うので、接続先のパソコンでほかのソフトウェアと同時に処理されることになり、処理が遅くなってしまいます。

アクセス権限の設定が容易

　NASでは、NAS独自の設定画面でファイルやフォルダーにアクセスする権限を一括管理できます。外付けHDDを共有する場合は、Windowsのワークグループによって各パソコンのユーザー名やパスワードを管理するので、パソコンの台数が増えると、管理が煩雑になってしまいます。

アクセスしやすく低コスト

　NASはOSや管理用のソフトウェアを搭載していますが、操作や管理が容易で、コストも安くて済みます。外付けHDDを共有する場合は、接続先のパソコンを常に起動しておく必要があるので、パソコンの劣化やコスト増につながります。

バックアップが容易

　多くのNASには自動バックアップの機能があります。USBケーブルでNASに外付けHDDを接続し、夜間や休日などにバックアップを自動的に実行することも可能です。

● NASに内蔵されているHDDの台数

　NASには、HDDが1台だけ内蔵されているタイプと、複数台内蔵されているタイプがあります。複数台内蔵されているタイプには、1台のHDDが故障したときの復旧用として2台目に同じデータを保存するもの、複数台の

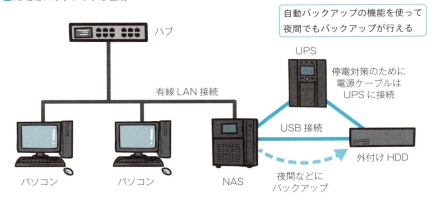

■NASはバックアップが容易

ハブ

自動バックアップの機能を使って
夜間でもバックアップが行える

UPS

停電対策のために
電源ケーブルは
UPSに接続

有線LAN接続

USB接続

外付けHDD

パソコン　　パソコン　　NAS

夜間などに
バックアップ

HDDをまとめて大容量・高速化したものなどがあります。中小企業では、運用の容易さやコストを考えると、HDDが1台内蔵されたタイプのほうが使い勝手がよいでしょう。ただし、重要なデータのバックアップは必須です。HDDが故障しても復旧しやすいように、複数台のHDDが内蔵されたタイプを選択し、復旧の手順を確認しておくと安心です。

NASを購入する際に確認すべき点

□ 業務で使用するのに十分な容量があるか
□ 予算内で処理が速く、CPUのスペックが高いか
□ 外付けHDDを使った自動バックアップに対応しているか
□ 保証期間や保証の内容はどのようになっているか

● NASの使い方

　有線LANの場合はハブに接続し、無線LANの場合は無線LAN親機に接続します。一般的なNASは、IPアドレスがDHCPで自動的に割り当てられる設定になっているので、接続して電源を入れるだけで使うことが可能です。その後、NASを利用するユーザーを登録し、グループやアクセス権限を設定します。

　NASはほかの機器や設備と密着しない空間に設置し、発熱で高温にならないように空気の流れをよくします。多湿やほこりが多い環境への設置は避けましょう。

● ユーザー登録とグループの設定

　NASを社内ネットワークに接続したら、パソコンのブラウザで設定画面にアクセスし、NASを利用するユーザーの登録とグループの設定を行います。NASには共有フォルダーを作成し、フォルダーごとにアクセス権限を設定しましょう。共有フォルダーには、NASに接続するユーザー名とパスワードを登録します。ユーザー名とパスワードはWindowsへのログイン時と同じものにします。ネットワークがWindowsのワークグループで、Windowsへのログイン時と同じユーザー名とパスワードであれば、NASへアクセスするときにユーザー名とパスワードを入力しなくて済みます。

　グループを追加したいときは、グループ名を登録し、登録したユーザー名をグループに追加します。

■ 有線LANと無線LANの場合のNASの使い方

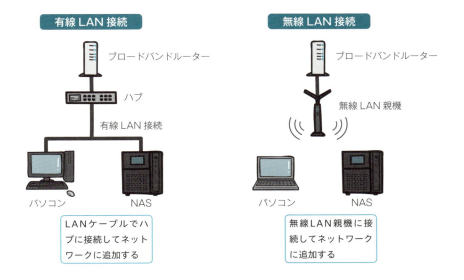

まとめ

- ● **NASは外付けHDDよりも処理が速く、使い方もかんたん**
- ● **ファイルやフォルダーのアクセス権限を設定できる**
- ● **外付けHDDを併用してNASのバックアップをとっておく**

04 無線LANを利用しよう

複数のフロアにまたがるオフィスをネットワークで接続する場合などは、無線LANを活用しましょう。無線LANの親機を中継機として、ネットワークの範囲を広げることができます。携帯端末の接続などにも役立ちます。

● 無線LANでネットワークを拡張する

　有線LANの配線が難しい場所をネットワークに接続したい場合や、スマートフォンやタブレット端末などをネットワークに接続したい場合は、無線LANでの接続を検討しましょう。

　また、無線LANで接続する範囲を広げたい場合は、無線LANを中継するための「無線LAN中継機」を使います。無線LAN中継機は、ボタンを押すだけで無線LAN機器どうしの暗号設定が完了するしくみになっており、メーカーが異なる製品どうしでの接続もかんたんにできます。

■無線LAN中継機で接続する例

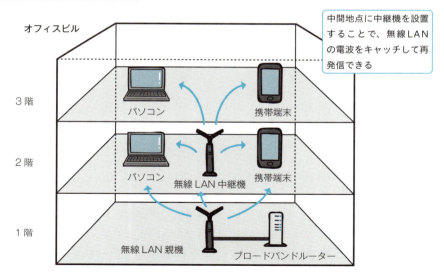

● 有線LANを無線LANに変更する

オフィスのレイアウトの変更、ノートパソコンや携帯端末の導入などにより、これまでLANケーブルを使って接続していたパソコンどうしを無線で接続したいときもあります。そのようなときは、パフォーマンスを維持するために、有線LANのブロードバンドルーターに無線LAN親機を接続するとよいでしょう。

なお、無線LANは電波が不安定になったり、周波数の干渉を受けたりする場合もあります。このため、有線LANを廃止するのではなく、有線LANと無線LANをどちらも使えるようにしておくと安心です。

● パソコンや携帯端末などを無線LANで接続する

最新のノートパソコンや携帯端末は、標準で無線LANに接続できます。新しいパソコンを購入した際は、Windowsの初回セットアップで無線LANに接続することも可能です。

デスクトップ画面の右下に無線LANへの接続が表示されないときは、無線LANアダプターの状態を確認しましょう。コントロールパネルの［ネットワークとインターネット］→［ネットワークと共有センター］をクリックし、［ネットワークと共有センター］の［アダプターの設定の変更］をクリックして、［ワイヤレスネットワーク接続］（または［Wi-Fi］）が有効であることを確認します。

無効になっている無線LANアダプターを有効にするには、コントロールパネルの［ハードウェアとサウンド］→［デバイスマネージャー］をクリックします。［デバイスマネージャー］の［ネットワークアダプター］をクリックして展開し、無線LAN子機を右クリックして、表示されたメニューの［有効］をクリックします。このあと無線LAN子機のドライバーのインストールが必要になる場合もあります。

■ ワイヤレスネットワーク接続の確認

［ネットワークと共有センター］の［アダプターの設定の変更］をクリックし、［ワイヤレスネットワーク接続］が有効であることを確認する

■ アダプターが無効

ワイヤレスネットワークのアダプターがオフ、デバイスマネージャーのワイヤレスアダプターが無効の状態

■ 有効で接続先がない状態

ワイヤレスネットワークのアダプターがオン、デバイスマネージャーのワイヤレスアダプターが有効の状態、ワイヤレスの接続先が未定の場合

■ 接続先があり正常に通信できる

ワイヤレスネットワークのアダプターがオン、デバイスマネージャーのワイヤレスアダプターが有効の状態、ワイヤレスの接続先が見つかった場合

　無線LANアダプターが有効であることを確認したら、無線LANへの接続設定を行います。

　デスクトップ画面の右下の通知領域にある無線LANのアイコンをクリックします。社内の無線LANのSSIDが表示されたら、接続したい無線LAN親機のSSIDを選択し、［接続］をクリックします。

　［ネットワークに接続］ダイアログボックスが表示されたら、無線LAN親機のパスワード（暗号化キー、またはセキュリティキー）を入力し、［OK］をクリックすると、無線LANに接続されます。

無線LANの暗号化とSSIDの隠匿

　無線LAN親機と子機の間の通信は、不正に傍受されないように、暗号化して通信を行います。暗号化された状態で通信を行うためには、上記のパスワード（暗号化キー）が必要です。無線LAN親機に設定されている暗号化キーを子機に設定することで、暗号化された通信が可能になります。

主な暗号化の規格には、強度の順にAES、TKIP、WEPといった方式があります。

■ 無線LANの暗号化の規格の種類

規格	AES方式	TKIP方式	WEP方式
概要	WEPの脆弱性が改善された高度な暗号化方式で、セキュリティ性が強固。一部の機器では対応していないことがある。	暗号化キーの乱数列が強化され、長期間のパケット収集でも解読が困難。処理速度の低下が発生する可能性がある。	広く普及している規格で、無線電波自体を暗号化して送信しする方式。暗号化解析ソフトにより解読される危険性がある。
セキュリティの強度	◎	○	△
通信速度	低下なし	低下の可能性あり	低下なし
対応機器	一部で対応不可	多い	多い

また、Windowsパソコンやタブレット、Mac、iOS端末、Android端末のいずれにも、不正にアクセスされないようにSSIDを非表示にする「ESS-IDステルス機能」を有効にした無線LAN親機に接続できます。

■ 通信の暗号化とSSIDの非表示

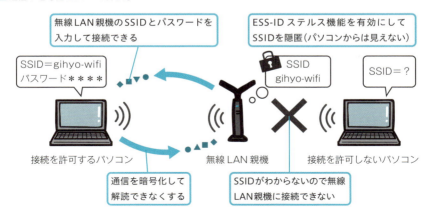

無線LAN親機のSSIDとパスワードを入力して接続できる

ESS-ID ステルス機能を有効にしてSSIDを隠匿（パソコンからは見えない）

SSID＝gihyo-wifi
パスワード＊＊＊＊

SSID
gihyo-wifi

SSID＝？

接続を許可するパソコン

無線 LAN 親機

接続を許可しないパソコン

通信を暗号化して解読できなくする

SSIDがわからないので無線LAN親機に接続できない

Windowsパソコンで ESS-ID ステルス機能を有効にした無線 LAN 親機に接続するには、デスクトップ画面の右下の通知領域にある無線 LAN のアイコンをクリックし、[非公開のネットワーク] をクリックします。[ネットワーク名（SSID）の入力] に SSID を入力して［次へ］をクリックし、[ネットワークセキュリティキーの入力] にパスワードを入力して［次へ］をクリックします。

■ SSID とパスワードを入力して無線 LAN 親機に接続する

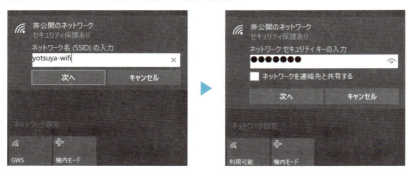

SSID がわからない場合は、無線 LAN 親機の設定を担当した人から SSID とパスワードを教えてもらい、手入力で接続します。

また、SSID を確認したい場合は、接続中のパソコンでブラウザから無線 LAN 親機に接続し、Wi-Fi 設定の画面で ESS-ID ステルス機能のオン／オフを切り替えて表示させることもできます。ただし、この場合はいったんオフにして接続したら、すぐにオンに戻し、ESS-ID ステルス機能を有効にしておきましょう。

Windows タブレットの場合

Windows タブレットは LAN 端子を持たないため、無線 LAN でネットワークに接続します。画面右下の無線 LAN のアイコンをタップし、表示される一覧から無線 LAN 親機の SSID を選択して、パスワードを入力します。ESS-ID ステルス機能が有効になっている場合は、無線 LAN 親機の設定を担当した人から SSID とセキュリティキーを教えてもらい、手入力で接続します。

Windows タブレットの機能はパソコンと同じです。パソコンと同様に、ネットワークのワークグループに接続し、共有フォルダーなどを利用します。

■Windowsタブレットの無線LAN設定

無線LANのアイコン
をタップし、SSIDを
選択してセキュリティ
キーを入力する

Macの場合

　AppleのMacではmacOS（旧名OS X）というOSが使われており、Windows
パソコンと同様、標準で無線LANに接続できます。Macから無線で社内ネッ
トワークに接続するには、Dockの［システム環境設定］から［ネットワーク］
を選択します。［ネットワーク］が表示されたら、画面左側にある［Wi-Fi］
を選択し、［状況］の［Wi-Fiを入にする］を選択します。続いて、［ネットワー
ク名］から接続する無線LAN親機のSSIDを選択し、SSIDのパスワードを入
力して接続します。

■Macから無線LANへ接続

［ネットワーク］の［Wi-Fi］
にある［Wi-Fiを入にする］
を選択する

iOSの場合

　AppleのiPhoneやiPadには、「iOS」というOSがインストールされています。これはMacのOSとは機能が異なるものです。ネットワークに接続するには、iOSをWi-Fiに接続し、社内の無線LANを接続先に設定してパスワードを入力します。

　なお、iOSの場合は、無線LAN（Wi-Fi）でネットワークに接続し、インターネットを利用したり、社内のサーバー上で動作させている社内専用のWebサイトを閲覧したりできますが、WindowsやNASの共有フォルダーなどは使えません。

　iOSで社内ネットワークの共有フォルダーなどを利用したいときは、iOSアプリの「FileExplorer Free」をインストールしましょう。インストール後、Windowsのファイルサーバーや NASなどの共有フォルダーを選択し、ユーザー名とパスワードを入力します。このアプリを使うと、共有フォルダーのファイルのダウンロードやアップロードなどが可能になります。

■iOSからWi-Fiへ接続

■「FileExplorer Free」

Androidの場合

　Googleが開発している「Android」は、スマートフォンやタブレット端末向けのOSです。iOSと同様、Wi-Fiからインターネットを利用したり、社内のサーバー上で動作させている社内専用のWebサイトを閲覧したりできますが、共有フォルダーなどは利用できません。ネットワークに接続する方法も

iOSと同様ですが、端末によって操作が異なります。

　Androidで社内ネットワークの共有フォルダーなどを利用したいときは、Androidアプリの「ESファイルエクスプローラー」をインストールしましょう。

■AndroidからWi-Fiへ接続

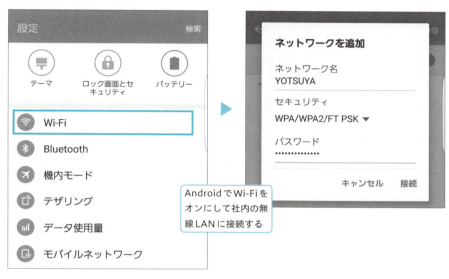

AndroidでWi-Fiをオンにして社内の無線LANに接続する

■ESファイルエクスプローラー

Androidから社内の共有フォルダーなどを利用できる

まとめ

● 物理的な接続が難しいときは無線LAN中継機を使って拡張する
● Windowsタブレットはパソコンと同じように使える
● iOSやAndroidはアプリを追加して共有フォルダーにアクセスする

05 古いパソコンや機器を入れ替えよう

パソコンや通信・ネットワーク機器などは世代交代が早く、3〜4年ほどで見劣りするようになります。パソコンを入れ替えるときはデータのバックアップをとり、古いデータは完全に消去しましょう。

● パソコンの入れ替えの時期

一般に、パソコンのハードウェアはライフサイクルが5年前後といわれていますが、実際はそれより前に処理の遅さが目立ってきます。パソコンを初期化（リカバリー）すると回復することもありますが、使用しているソフトウェアによっては、ハードウェアのスペックが不足する可能性があります。パソコンの動作があまりにも遅く感じる場合は、新しい機種と入れ替えるのが適切です。

パソコンの入れ替えと、OSのアップグレードの時期が重なると、新しいバージョンのOSにするか、現行のバージョンのOSにするかで悩むことがあります。その場合、業務ソフトなどが対応していない場合を除き、新しいバージョンのOSにすることをお勧めします。ハードウェアとソフトウェアの両分野で技術は急速に進歩しており、パソコンの入れ替えのタイミングでOSを最新にすることにはメリットがあります。

● パソコンを入れ替える前のバックアップ

パソコンを入れ替える際に重要なのが、データのバックアップです。4〜5年ほどでパソコンを入れ替えると考え、データのバックアップについてルール化しておきましょう。

社員全員が日頃からバックアップを意識して作業していれば、突然のパソコンの故障や人事異動などがあっても、スムーズにデータの復旧や移動ができます。たとえば、仕事で使うデータは常にサーバーやNASの共有フォルダーに保存しておけば、バックアップは必要最小限で済みます。

● 新しいパソコンの選定

　Windowsはバージョンアップがくり返されるごとに機能が進歩し、インターネットやクラウド環境を活用できる設計に改良されています。Officeソフトも、クラウド対応のOffice 365では、常に最新版のWordやExcelなどをクラウド上からダウンロードしてインストールするしくみになっています。パソコンの故障などで入れ替えを行っても、すぐに最新版のOfficeソフトを使うことができ、新たにOfficeソフトを購入する必要はありません。

　新しいパソコンを選定するときは、パソコンのスペックも検討しましょう。たとえば、Microsoftからは、Windows 10にアップグレードするために必要な「最小ハードウェア要件」が公開されていますが、この要件を満たすだけではWindows 10を快適に利用できません。入れ替えの対象となる古いパソコンのスペックを確認し、CPUやメモリー、HDDなどに不足を感じる場合は、それ以上のスペックを持つ機種を選択しましょう。

● 新しい機器のネットワークへの接続

　最新のWindowsでは、最初から有線LANと無線LANが使える状態になっています。パソコン名やユーザー名、パスワードなどを登録したあと、ネットワークに接続すれば、すぐにネットワーク上で使うことができます。

　新しい周辺機器をネットワークへ接続するときは、パソコンにドライバーをインストールする必要があります。周辺機器やWindowsから自動的にインストールされる場合と、付属のメディアやインターネットなどから手動でインストールする場合とがあります。

● 古いパソコンの廃棄

　パソコンを廃棄する場合は、家電リサイクル法でパソコンメーカーによる回収が義務付けられていますが、施行前に販売された古いパソコンや自作パソコンなどは専門の廃棄・リサイクル業者に依頼しましょう。ただし、廃棄する前に、必ずHDDのデータはすべて消去します。自分で行う場合は、データを消去するソフトウェア（「DESTROY」など）を使ってHDDを消去しましょう。その際はフォーマットではなく、データを完全に消去する方法を選

■フォーマットとデータ消去の違い

	インデックス	データ本体
ゴミ箱	内容はそのまま残っている	内容はそのまま残っている
フォーマット	内容は削除されている	内容はそのまま残っている
データ消去	異なる内容に上書きされている	異なる内容に上書きされている

本文のデータ自体は削除されていないため、HDDに残っているデータを復元される可能性がある

データ自体は上書きされるため、データを復元できない

択します。

　安全にデータを消去したいときは、廃棄・リサイクル業者に依頼するとよいでしょう。業者によっては、データ消去の証明書を発行してもらうこともできます。なお、データを消去する方法はいろいろありますが、HDDを物理的に破壊する方法がもっとも確実です。

● ブロードバンドルーターやハブの交換と廃棄

　ブロードバンドルーターを交換するときは、事前にプロバイダーに接続するためのユーザーIDとパスワードを確認しておきます。その上で、新しいルーターをインターネット回線のケーブルに接続し、内蔵のハブに社内ネットワークにつながるLANケーブルを接続します。

　ルーターの電源を入れてから、パソコンのブラウザでルーターにアクセスし、マニュアルに記載されている工場出荷時のユーザー名とパスワードを入力してログインします。次に、ルーターの管理者パスワードを設定し、ルーターを再起動しましょう。その後、新しい管理者パスワードでログインし、事前に確認したプロバイダーに接続するためのユーザーIDとパスワードを入力したあと、再起動します。設定が正しければ、これでインターネットを利用できます。なお、ルーターの設定方法は機種によって異なる場合があります。

　ハブは、ハブ自体のライフサイクルと技術革新のスピードを考え、4〜5年ほどで交換するのがよいでしょう。ハブの交換はLANケーブルを差し替え

るだけですが、LANケーブルの仕様を新しいハブに合わせましょう。

　ブロードバンドルーターやハブの交換は、作業中にトラブルが発生すると業務が停止する可能性があります。万が一の事態になっても最小限の影響で済むように、なるべく業務時間外に実施しましょう。また、交換を行う前に作業日や作業時間を告知し、データをバックアップしたり、予備の接続方法を確保したりなど、トラブルを最小限に抑える段取りを考えておきます。

　ルーターを廃棄するときは、プロバイダー接続のユーザーIDとパスワードなどを消去するために、必ず工場出荷時の状態に戻します。その後、ハブと一緒に廃棄するか、リサイクル業者に回収を依頼しましょう。

ブロードバンドルーターの初期化の例

①ブロードバンドルーターのPOWERランプが点灯していることを確認する。

②ブロードバンドルーターの後部などにあるリセットボタンを押し続け、POWERランプが点滅したら放す。

③ブロードバンドルーターのACアダプターのプラグを取り外し、10秒ほど待ってから差し直す。

④1分ほど待つと、すべてのランプが点滅する。

⑤POWERランプが再び点灯したら初期化が完了する。

まとめ
- 共有フォルダーへの保存をルール化するとバックアップが容易
- パソコンを廃棄する前にデータを完全に消去しておく
- ルーターを廃棄するときは必ず工場出荷時の状態に戻す

複数のフロアを
ネットワークで接続しよう

オフィスが複数のフロアに分かれている会社では、複数のフロアで同じネットワークを使いたい場合があるでしょう。そのようなときは、まずIPアドレスの構成や建物の形状などを調査し、接続方法を検討します。

● 各フロアのIPアドレスの調査

オフィスが複数のフロアに分かれている場合は、フロアどうしをネットワークでどう接続するかが問題になります。

まず、各フロアのIPアドレスの管理がどうなっているかを調査しましょう。IPアドレスをDHCPで取得している場合は、DHCPサーバーが動作しているブロードバンドルーターの場所を確認します。1つのネットワークに1台のDHCPサーバーがあることが原則なので、フロアどうしをまとめて1つに設定し、すべての機器が同じDHCPサーバーでIPアドレスを取得する設定にします。ちなみに、Windowsのワークグループによるネットワーク上には、IPアドレスを最大254個まで設定できます。

さらに、Windowsのワークグループ名、共有フォルダーやユーザー権限などを調査し、すべて統一しましょう。異なるワークグループ名があれば、共通のワークグループに入れ直します。設定を変更したら、社内LAN構成図に反映させます。社内LAN構成図は、常に最新の状態にして管理します。

● 建物の形状などによる接続方法

オフィスのフロアによっては、建物の形状や電気設備の施工状態などで、ネットワークの接続方法が異なります。

まず、建物や電気設備に関する情報を収集します。フロア間でLANケーブルの配線が可能な場合は、ブロードバンドルーターから各フロアのハブに接続し、各フロアのハブからパソコンや周辺機器に接続します。

フロア間でLANケーブルの配線が難しい場合は、建物内の電気配線を通信

回線として使う「電力線搬送通信（PLC：Power Line Communications）」を利用する方法があります。ただし、PLCは1つの分電盤からの配線を1つのネットワークとして使うので、各フロアの分電盤が同じである必要があります。この方法を使うと、会議などで臨時にネットワークを使いたい場合などに便利ですが、通信速度はLANケーブルより劣ります。

PLCを利用してネットワークに接続するには、まずコンセントにPLCの親ターミナルを接続し、LANケーブルでルーターもしくはハブを接続します。次に、別のコンセントにPLCの子機ターミナルを接続し、PLCターミナルにある設定ボタンを同時に押すと、親機と子機が接続されます。その後、同じ分電盤のコンセントに接続している子機ターミナルにLANケーブルでパソコンをつなげ、ネットワークに接続します。

また、無線LANで接続する方法もあります。電波が弱い場合は、中継機を使いましょう。有線LAN端子を搭載した中継機を使えば、無線LANが使えないサーバーなどの機器も接続できます（170ページ参照）。

■PLCの例

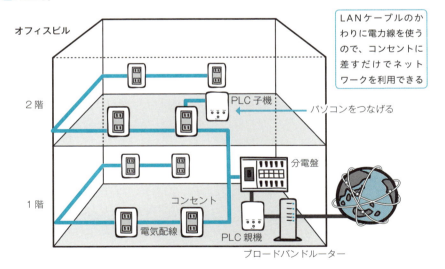

LANケーブルのかわりに電力線を使うので、コンセントに差すだけでネットワークを利用できる

オフィスビル

2階

PLC 子機
パソコンをつなげる

分電盤

1階
コンセント

電気配線
PLC 親機

ブロードバンドルーター

まとめ

- すべてのフロアで同じ**DHCPサーバー**を使う設定にする
- 建物の形状などを調査し、**LANケーブル**の配線が可能かを確認
- 配線が難しい場合は、**PLC**や**無線LAN**での接続を検討する

複数のビルを
ネットワークで接続しよう

同じビル内ではなく、もっと離れた別のビルのオフィスでも、ネットワークで
接続できます。その場合は、敷地や建物などの条件によって、有線LAN、
無線LAN、VPNから接続方法を検討しましょう。

● 距離や地理的条件による接続方法

　離れた場所にある別のビルのオフィスをネットワークで接続したい場合、
170ページで紹介した方法では距離の問題で接続できないことがあります。そ
のような場合の接続方法としては、有線LAN、無線LAN、およびインターネッ
トを含む通信回線の3つの方法が考えられます。

有線LANで接続する方法

　同じ会社の敷地内のように、ビル間の配線が可能な場合は、有線LANでの
接続を検討しましょう。この場合は、長距離のLAN間接続を実現するために、
光ファイバーケーブルを用いた信号中継機（光メディアコンバーター）を使い
ます。建物間を光ファイバーケーブルで接続し、最長10kmまでの距離を接続
可能です。

■光メディアコンバーターを利用する

光ファイバー
ケーブル

ハブ　　　　　　　　　　　　　　　　　　　　　　　　　　ハブ
　　　光メディア　　　　　　　　　　　光メディア
　　　コンバーター　　　　　　　　　　コンバーター

高速で長距離接続が可能な光ファイ
バーケーブルとつなげる変換装置

無線LANで接続する方法

　ビル間の配線が困難な場合や、ケーブルの敷設工事費が高額になる場合は、無線LANでの接続を検討しましょう。無線LANの場合は、屋外に専用のアンテナを設置します。最大2kmの通信距離をサポートしていますが、アンテナと無線LAN親機のケーブル長やアンテナの種類によって通信速度は異なります。

　大きく分けてアンテナは2種類あります。直線的に接続するタイプのアンテナは、ビル間に遮るものがなければ長距離の通信が可能です。向きをずらしても電波を受信できるタイプのアンテナは、アンテナ周辺の広範囲な向きで電波を受信するので、近距離に向いています。2種類のアンテナを中継するアンテナを組み合わせて使うと、長距離と近距離で、複数の拠点間の通信が可能になります。

　ビル間を無線LANで接続する場合は、どちらのビル内も高機能のハブを使って接続し、アンテナから無線LAN親機までと、その配下のネットワークの通信速度を最適化しましょう。なお、有線LANの場合と比較すると、無線LANは低コストで実現できますが、アンテナによる通信は盗聴される危険性があります。通信速度は落ちますが、通信は暗号化しましょう。

■無線で接続する場合

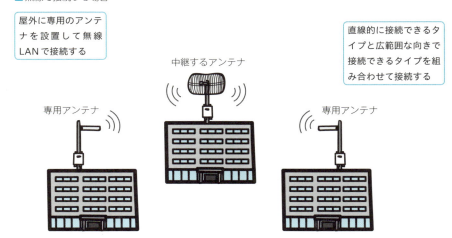

屋外に専用のアンテナを設置して無線LANで接続する

中継するアンテナ

直線的に接続できるタイプと広範囲な向きで接続できるタイプを組み合わせて接続する

専用アンテナ

専用アンテナ

VPNで接続する方法

　ビル間の距離が長距離の場合は、専用の通信回線を開設するか、インターネット回線を自社内の通信のように使う「VPN」を使います。ただし、専用の通信回線の開設はコスト高なので、VPNでの接続がお勧めです。

　VPNで接続するには、既存のブロードバンドルーターをVPN対応の機種に変えるか、既存のネットワークにVPNルーターを追加します。その際は、仕様や設定方法が同じで、トラブル発生時にメーカーのサポートを受けやすい、同じ製品どうしで接続するのが理想です。

■VPNでビル間を接続

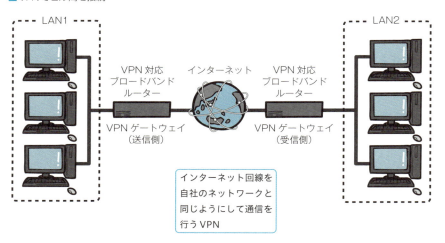

- 有線 LAN の光メディアコンバーターで最大10km まで接続可能
- アンテナを設置して無線 LAN で接続するときは必ず暗号化する
- 長距離の接続はインターネット経由の VPN を使う

クラウドの利用を
検討しよう

01 クラウドってどんなもの?

インターネット回線の高速化や、携帯端末の普及などにより、クラウドをより活用しやすくなりました。クラウドサービスを活用し、データもクラウドに保存すれば、利便性が向上してコストも抑えられます。

● クラウドの意味と種類

28ページなどで取り上げた「クラウド」は、もともとは英語の「雲（cloud）」が語源です。これは、IT業界のエンジニアやシステム担当者などが、ネットワーク構成図を作成するとき、ネットワークの外側を雲のマークで描いたことに由来しています。こうしたネットワークの外側にあるインターネット上のサービスやサーバー上の機能などを「クラウド」といいます。

クラウドには、インターネットを介して誰でも利用できる「パブリッククラウド」と、企業が独自に構築した社内だけで利用できる「プライベートクラウド」があります。

また、クラウドを活用してユーザーに機能やサービスを提供する形態を「クラウドコンピューティング」といいます。クラウドコンピューティングは、社内のパソコンにはソフトウェアやデータなどを保持せず、クラウドの機能を活用することで、利便性の向上やコストの削減を図ることを目的としています。

● 今後のクラウド活用の可能性

クラウドを活用すれば、スマートフォンやタブレット端末を携帯し、外出先からクラウドにアクセスして業務を遂行できるようになります。また、SNSや社会基盤など、クラウドに蓄積された膨大なデータ（ビックデータ）を解析すれば、新しいビジネスに活用することも可能です。今後もさまざまなクラウドの活用法が考え出されていくことでしょう。

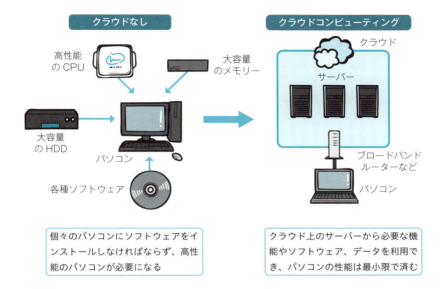

クラウドなし	クラウドコンピューティング
高性能のCPU　大容量のメモリー　大容量のHDD　パソコン　各種ソフトウェア	クラウド　サーバー　ブロードバンドルーターなど　パソコン
個々のパソコンにソフトウェアをインストールしなければならず、高性能のパソコンが必要になる	クラウド上のサーバーから必要な機能やソフトウェア、データを利用でき、パソコンの性能は最小限で済む

Amazon Webサービス

　クラウド業界で老舗のAmazon Webサービス（AWS）は、世界中の企業で導入されています。仮想サーバー、ストレージ、コンテンツ配信、データ分析など、多数のサービスを提供しています。

Microsoft Azure

　Microsoft Azure（マイクロソフト・アジュール）は、Officeソフトやデータベースを活用したサーバー、業務システムのクラウド化を得意としています。

Googleクラウド

　Google検索やGoogleマップなどのビックデータを使い、Webシステムの開発から構築、運用までのサポートが充実しています。

まとめ

- パブリッククラウドとプライベートクラウドの2種類がある
- クラウドを活用することで利便性の向上やコストの削減を図れる
- 携帯端末やビッグデータを活用したビジネスも登場している

クラウドサービス導入の メリットとデメリット

クラウドの導入は、運用コストの削減などのメリットがありますが、セキュリティの確保など、注意しなければならないこともあります。会社の業務内容を考慮に入れ、最適なクラウド事業者を検討しましょう。

● クラウド導入のメリットとデメリット

インターネット上のサービスやデータセンターのサーバーの機能など、クラウドを活用すれば、運用やメンテナンスの負担をあまり考えることなく、業務を遂行できます。クラウドの導入には、以下のようなメリットとデメリットがあります。ネットワーク管理者にとってはメリットのほうが大きいでしょう。

クラウド導入のメリット

- ☐ 初期コストや運用コストが抑えられる
- ☐ 目的に応じて必要な機能とユーザー数を設定でき、利用しやすい
- ☐ 常に最新のサーバー環境や通信・ネットワーク機器を利用できる
- ☐ サーバー環境などのメンテナンスが不要
- ☐ 導入が容易で、更新やサポートが提供される
- ☐ 災害対策として海外のデータセンターにバックアップできる
- ☐ 業務に合わせてカスタマイズしやすい（プライベートクラウドの場合）

クラウド導入のデメリット

- ☐ サービスの提供中止やネットワーク障害で中断する危険性がある
- ☐ クラウド事業者によってセキュリティのレベルに差がある
- ☐ 最新技術への対応が早いため、初心者には理解が追いつかない
- ☐ 海外のデータセンターを利用した場合の個人情報の管理が不安

● パブリックとプライベートの違い

　188ページで解説したパブリッククラウドは、すべてインターネット上で
サービスを提供する形態です。メールやファイル共有などのサービスを、パ
ソコンだけではなく、スマートフォンなどでも利用できます。

　プライベートクラウドは、クラウド上に各企業専用の環境を構築し、サー
ビスを提供する形態です。業務に応じたシステムのカスタマイズなどがしや
すく、社内に設置したサーバーと同じように利用できます。

　プライベートクラウドへの接続方法は、専用回線、WAN（広域通信網）、
インターネット経由のVPN（26ページ参照）などがあります。コスト面の優
劣はVPN＞WAN＞専用回線、セキュリティ面の優劣は専用回線＞WAN＞
VPNという順です。なお、VPNはセキュリティ面で後手ですが、それでも一
般的なインターネット接続と比べて高いセキュリティ性があります。

● クラウドのセキュリティ

　プライベートクラウドは、社内ネットワークとクラウドを専用回線やVPN
で接続するので、高度なセキュリティを保持できます。一方、パブリックク
ラウドは、インターネットを利用するので、セキュリティの確保を意識する
必要があります。クラウド事業者の選定では、以下のような点に注意しま
しょう。

▶ クラウド事業者を選定するポイント

□ データセンターの物理的なセキュリティ対策がしっかりしているか
□ ハードウェアの障害対策やバックアップ対策は十分か
□ OSやソフトウェアが常に更新されているか
□ ログや通信の暗号化を行い、攻撃や不正アクセスを防止できるか

まとめ
- コスト削減などのメリットを評価してクラウドの導入を検討する
- プライベートクラウドはVPNを使うとコストを削減できる
- セキュリティ性の高さを考慮してクラウド事業者を選定する

03 クラウドサービスには 3つの形態がある

クラウドで利用できるサービスは、システムの形態よって3つに分類されます。それぞれの特徴とメリットを理解し、社内ネットワークに最適なサービスを選びましょう。

● クラウドで利用できるサービスの種類

80ページで説明した、共有サーバーを使ったホスティングやデータセンターを使ったハウジングと、クラウドとの違いを理解し、社内ネットワークにはどのサービスが適しているかを検討しましょう。クラウドは、ホスティングやハウジングとは異なり、必要なスペックのサーバーや記憶領域を柔軟に確保でき、拡張も容易です。

クラウドサービスはインターネット回線を経由して利用します。ハードウェアやソフトウェアなどのシステムの形態により、主に以下の3種類に分類されます。

クラウドサービスの種類

- □ SaaS（Software as a Service：サース）
- □ PaaS（Platform as a Service：パース）
- □ IaaS（Infrastructure as a Service：アイアース）

3種類のうち、インターネットを経由してハードウェアや通信環境などのインフラを利用できる「IaaS」が基盤となります。その上位に、アプリケーションの開発環境が提供される「PaaS」があります。さらにその上位に、開発されたアプリケーションを利用できる「SaaS」があるという構成です。

これらのすべてがクラウドサービスとして提供され、ハードウェアやソフトウェア、ユーザー数、ネットワークのデータ量などが柔軟に提供されます。

■クラウドの分類

	IaaS	PaaS	SaaS
アプリケーション			サービス
開発環境やツール		サービス	
OS			
ハードウェア	サービス		

● SaaSの特徴とメリット

　SaaSはクラウドでアプリケーションを提供するサービスです。クラウドサービスが登場する前から使われていた、ASP（Application Service Provider：エーエスピー）というSaaSに似たサービスがありますが、ホスティングなどで提供されるASPにかわり、現在はSaaSが普及しています。

　ASPと比較したSaaSのメリットは柔軟性の高さです。クラウドで提供されるSaaSは「必要な機能」を「必要なとき」に「必要な量」だけ利用でき、ほかのシステムやツールと連携しやすく、システムの拡張も容易です。

　たとえば、ある時期にユーザー数が急激に増加するネットショップを、サーバーを使って運営する場合を考えます。このとき、サーバー3台で3事業者のデータを処理する場合と、サーバー1台で3事業者のデータを処理する場合とでは、事業者あたりのデータの処理コストは後者のほうが有利です。クラウドのハードウェアやソフトウェアを効率的に使うことで、サーバーの利用効率が向上し、保守も含めたコスト削減につながるのがSaaSのメリットです。

　また、クラウドの1つのアプリケーションで多数の事業者やユーザーを同時にサポートでき、アプリケーションの更新なども容易にできます。ただし、アプリケーション側でこのしくみをサポートしている必要があります。

　SaaSの導入を検討する際は、サービス事業者が行うサーバーの管理や、サーバーに保存されるデータのセキュリティ対策などが万全かを確認しましょう。

● PaaSの特徴とメリット

PaaSはアプリケーションを稼働させるためのハードウェアやOSなどの実行環境と、アプリケーションの開発環境をクラウド上で提供するサービスです。アプリケーションを開発する環境や、クラウドのさまざまなアプリケーションと連携するツールを開発する環境などをサービスとして提供します。

ホスティングやハウジングと異なるのは、サービスの機能や環境、規模、利用者数、通信速度などを、必要なときに、必要な量で利用できることです。

■PaaSでの開発

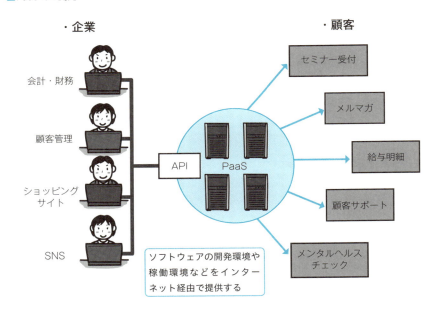

たとえば、Microsoft AzureではPaaSでWindows Serverを提供しており、サーバー上でデータベースとOfficeソフトを組み合わせた顧客管理システムなどを開発できます。サーバーや開発環境、バックアップなどのメンテナンスはすべてAzure側がサポートします。

IaaSの特徴とメリット

IaaSは、クラウドでシステムを構築して運用するための、ネットワークを含めた基盤を提供するサービスです。この基盤を利用した量に応じて課金されます。

ホスティングのレンタルサーバーと比較すると、IaaSはサーバーへのアクセスが多くなったらCPUやメモリーなどのスペックを上げ、アクセスが少なくなったら元に戻すというように、状況に応じてサーバーの性能を調整しやすいのが特徴です。また、アクセスが少ないときはサーバーを停止できるので、コスト削減にもつながります。

ハウジングと比較すると、IaaSはクラウド上でアプリケーションの利用環境とサーバーや通信・ネットワーク機器の基盤がすべて提供され、必要なときに柔軟に利用できます。また、利用量に応じて課金されるので、利用しないときには保存・管理費が非常に低額になることもメリットです。

■IaaSとホスティング・ハウジングとの比較

	IaaS	ホスティング ハウジング
導入時間	オンラインで短時間	数日
サーバーの選択と指定	いつでも自由に選択し、オンラインで変更可能	あらかじめ指定する
負荷対応	いつでもオンラインで追加・削除可能	対応に数日かかる
記憶装置	いつでも増減可能	あらかじめ容量を指定する
自動スケールアップ	可能	なし
課金	従量課金	月額固定

まとめ
- **IaaSを基盤として、PaaSとSaaSのサービスが提供される**
- **PaaSの開発環境を使ってSaaSのアプリケーションも開発できる**
- **クラウドは利用したデータ量に応じて課金される従量課金が基本**

会社にはどんなクラウドサービスを導入できるか?

クラウドは、いつでも使えて、メンテナンスが不要というメリットがあります。
このメリットを生かし、業務に適したサービスを導入しましょう。サービスの
利用範囲やセキュリティ対策などを決めておくことも大切です。

● 中小企業でのクラウドの導入事例

クラウドは当初、IT関連の企業や大企業などを中心に利用されていましたが、最近では中小企業でも利用されるようになっています。今後は、どのようにクラウドを活用して事業を活性化させるかが課題となっていくことでしょう。中小企業でクラウドを導入するメリットと、よく使われているサービスとしては、以下のようなものが挙げられます。

中小企業のクラウド導入のメリット

□ 使いたいときにすぐに使える

□ スマートフォンやタブレット端末を利用してどこでも使える

□ 導入や運用の料金体系が低コスト

□ ハードウェアやソフトウェアの管理が不要

よく使われているクラウドサービス

□ スケジュールや文書管理、グループウェアなどの情報共有

□ 販売や顧客管理のデータベース

□ 財務会計

□ データのバックアップ

よく利用されるのは、クラウドの特性を生かした情報共有サービスです。また、オンラインストレージ(インターネット上の記憶領域にデータを保存できるサービス)に社内のデータを保存し、バックアップ、パソコン間の同期、大容量のデータのやり取りなどに利用することもあります。

■オンラインストレージの利用目的

バックアップ
・大容量の保存領域を利用できる
・複数のファイルをまとめてバックアップできる
・バックアップデータを検索しやすい

バックアップ

パソコン間の同期
・複数のパソコンを自動で同期できる
・削除したデータや上書きしたデータを復元
　できる場合もある

同期　　　同期

大容量のデータの送信
・パソコン内のデータを自由にアップロードできる
・メールや URL などからデータをダウンロードできる
・容量制限がある場合もある

アップロード　　ダウンロード

データの共有
・誰と共有するかを選択できる
・画像データを閲覧しやすい
・文書のプレビュー機能がある場合もある

共有

● IT関連の企業におけるクラウド

　IT関連の企業では、社内の開発環境や業務ソフトなどで、クラウドを幅広く利用していることでしょう。これまではパソコンやソフトウェアの開発・販売を中心に行っていたIT企業も、今後はクラウドを活用した事業への転換を検討する必要が生じるはずです。

クラウドビジネスの背景

□携帯端末の普及により、社外から接続できるサーバー環境が必要になり、
　社内サーバーの導入が減少する
□海外におけるシステム開発により、クラウドの利用率が高まる
□下請け業務の減少により、新規事業の創出が必要となる

今後のクラウドビジネスの展開

□新しいサービスの創出（流通、農業、教育、健康、交通、娯楽など）
□従来の垂直型から水平分業型への構造転換に適したサービス
□企業の企画力や提案力を最大限に発揮するサービス

● 個人情報を取り扱う業態におけるクラウド

医療や介護・福祉関連の事業所など、個人情報を取り扱う業態では、事業所内でのネットワーク利用は普及しているものの、インターネット利用は制限されている場合があります。このような業態でクラウドを利用するためには、運用ルールやセキュリティ対策などを明確にしておきましょう。たとえば、クラウドを導入する際には、以下の項目を検討します。

■利用範囲、種類、セキュリティ対策の検討項目

検討項目	内　容
利用範囲の明確化	どのサービスでクラウドを利用するかを検討し、その利用範囲や運用ルールを決める。
サービスの種類の検討	どのクラウドサービスが業務に適しているか、そのサービスに業務を合わせることができるかを検討する。
セキュリティ対策の合致	クラウドを利用してもよいか、事業所内の個人情報の管理ルールなどと合わせて検討する。

事業所内でクラウドの利用範囲などを検討したら、候補のサービス事業者のセキュリティ対策が万全かを確認します。クラウドを導入するときは、なるべく小規模な範囲から始めましょう。データの安全性を確保するには、サービス事業者の広域イーサネットやインターネット経由のVPN（186ページ参照）で接続します。

広域イーサネットとは、サービス事業者が地理的に離れた場所を高機能なスイッチングハブとLANケーブルで接続する技術で、複数のサービス事業者が接続されたネットワークを「広域イーサネット網」といいます。ユーザーは、サービス事業者を経由し、広域イーサネット網に接続されているクラウドに接続します。インターネット回線ではなく専用回線を使うので、安全性が確保され、ルーターやセキュリティ対策を簡略化することでコストも削減できます。さらにコストを削減したい場合はインターネット経由のVPNで接続します。

■ 安全性を確保したクラウド接続

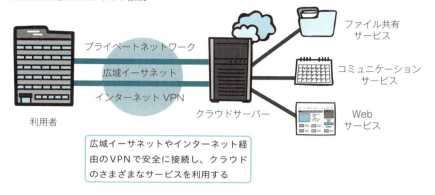

プライベートネットワーク
広域イーサネット
インターネット VPN

利用者

クラウドサーバー

ファイル共有
サービス

コミュニケーション
サービス

Web
サービス

広域イーサネットやインターネット経由のVPNで安全に接続し、クラウドのさまざまなサービスを利用する

● 一般企業におけるクラウドの導入

　一般企業でクラウドを導入する場合は、初期コストや月額利用料が安価で、専門の技術者がいなくても運用できるサービス（SaaS）から導入しましょう。まずはグループウェアやバックアップなどのサービスから始め、その後、販売や顧客管理、財務会計などのサービスへと広げていきます。

　最初に導入するときは、運用手順などが少ない分野から始めます。もし複雑な手順が必要な分野に導入する場合は、そのノウハウがシステム化されているか、カスタマイズできるか、業務を効率化できるかなどを検討します。

● 公的機関におけるクラウドの導入

　公的機関でグループウェアやメール、事務処理を効率化するアプリケーションなどの情報系サービス、公的機関の業務に合ったサービスなどを導入するときは、サービスの品質を把握し、事前に適正な運用管理を取り決める「SLA（Service Level Agreement）」の契約をサービス事業者と取り交わします。さらに、災害時などの対策として、海外のデータセンターへデータをバックアップすることも検討しましょう。

まとめ

● クラウドの特性を生かした情報共有サービスから導入を検討する
● クラウドの利用範囲とセキュリティ対策を決めておく
● 安全に接続するために広域イーサネットやVPNを利用する

第7章　クラウドの利用を検討しよう

05 クラウドのリスクについて考える

クラウドは便利ですが、セキュリティ性や事業の継続性など、さまざまなリスクも存在します。それぞれのリスクにどう対応するかを考え、より安全で効率的なサービスの運用を検討しましょう。

● クラウドの主なリスク

　クラウドを活用すると業務を効率化できますが、残念ながらリスクもあります。クラウドには、主に以下のようなリスクがあります。

■クラウドのリスク

リスク	内　容
セキュリティ性（安全性）	データの改ざん・消失などのサイバー攻撃やコンピューターウイルスの標的となる。
データの消失	バックアップをとらないままでいると、データが消失したときに復元できない。
障害の発生	ハードウェアやソフトウェアなどの設定により、システム障害やサービスの停止などが発生する。
通信トラブル	通常使用しているインターネット回線に接続できないときに、迂回ルートが必要になる。
事業の継続性	サービスの突然の中止や終了などにより、サービスや保存データを利用できなくなる。
法制度が不十分	海外のデータセンターを利用した場合の機密情報、個人情報、著作権の管理基準などが国によって異なる。

● クラウドを活用するときの注意点

セキュリティ性（安全性）

　クラウドのリスクとしては、まずセキュリティ性（安全性）が挙げられま

す。重大なものでは、サイバー攻撃やそのほかの要因による情報漏えい、障害などによるデータの消失、サービス経由によるコンピューターウイルスの侵入などがあります。ただし、このようなリスクはクラウド固有ではなく、従来のホスティングやハウジングでも同様に問われることであり、インターネット共通の課題ともいえます。

導入コスト

新しいサービスを導入する際、サービスを長期間利用すると、社内で運用するよりコストが高くなってしまうことがあります。また、実際の導入作業や社員教育などに時間と手間がかかることも踏まえておきましょう。

クラウドのサービス事業者の信頼性

クラウドのサービス事業者には、世界規模のデータセンターを持つ大規模な事業者から、特定のサービスに特化した小規模な事業者までさまざまあります。サービスのセキュリティ性や事業の継続性、ほかのクラウド環境への対応、将来のリスクなどを総合的に判断し、信頼性の高い事業者を選択しましょう。

運用のしやすさ

クラウドは複雑なシステム基盤で構築されており、運用には幅広い知識やスキルが求められます。専門の技術者がいない場合は、運用をサポートしてもらえる事業者を選択しましょう。また、社員がサービスを使いやすいかも判断材料となります。

柔軟性

そのまま運用する場合は使いやすいサービスでも、カスタマイズ性や拡張性がないと、結局使わなくなってしまうケースもあります。さまざまな場面を考え、柔軟性の高いサービスを選択しましょう。

まとめ
- クラウドにはネット共通のリスクはあるが、固有のものは少ない
- 導入コストや導入作業、社員教育などを事前に確認しておく
- 運用が大変な場合はサポートのあるサービス事業者を選択する

クラウドサービスを
どのように導入するか?

クラウドはさまざまな企業で導入されています。業務に合った適切なサービスの導入を検討しましょう。クラウドを活用するためには、情報漏えいやサイバー攻撃などへの対策を万全にしておく必要があります。

● 業務に合わせたサービスの導入

　企業の業務では、メールのやり取りやファイルの共有、グループウェアによる情報共有などが必要不可欠となっています。社内にサーバーを設置して運用するか、あるいは外部のサービスを利用するかを検討し、業務に合った適切な方法を選択しましょう。

　メールはプロバイダーやレンタルサーバーを利用するのが一般的です。ファイル共有は多くの企業が社内にサーバーを設置し、事業所ごとに管理しています。グループウェアでは、レンタルサーバーと社内サーバーのどちらも使われています。導入や運用のコストを考えて選択しましょう。

　ネットワーク管理者は、日々のメンテナンスや社員のサポート、トラブルの対応などで忙しくなることがあります。社内サーバーやレンタルサーバーの管理に手間がかかる場合は、クラウドの導入を検討しましょう。クラウドを使えば、ユーザー名やパスワードなどを一括で管理でき、さまざまな機能を容易に利用できます。また、外出の多い営業職や、店舗などの拠点が多い企業などは、外出先や各拠点から携帯端末などを使って最新の情報にアクセスすることも可能です。

　導入や運用が容易なクラウドサービスとしては、「Office365」や「Google Apps」などが知られており、中小企業でよく使われています。Google Appsの場合、Webサイトでドメインを取得でき、社員のメールアドレスを登録するだけで、Gmailと同じ機能を使えるようになります。そのほか、ファイル共有やスケジュール管理などの機能もパソコンや携帯端末などから使えます。

■ 社内サーバーやレンタルサーバーからクラウドへの移行

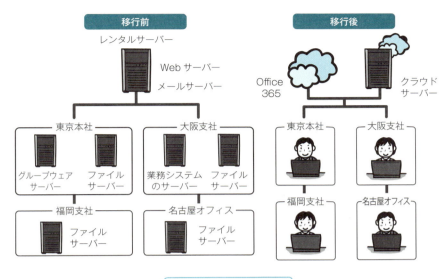

メールやファイル共有などの
サーバーを1つにすることで
管理が容易になり、アクセス
しやすくなる

■ Google Apps のサービス

メール機能のGmailやファイ
ル共有のGoogleドライブ、
スケジュール管理のGoogle
カレンダーなど、さまざまな
機能を利用できる

● 一般企業と個人情報を取り扱う企業との違い

　一般企業では、Office365やGoogle Appsのようなパブリッククラウド（188ページ参照）のサービスを利用しますが、個人情報を取り扱う企業では、クラウド上に企業専用の環境を構築し、その環境から各部署にサービスを提供するプライベートクラウドを利用するのが理想です。プライベートクラウドに接続する際は、安全のため、インターネットを経由しない広域イーサネット、またはインターネット経由のVPNで接続します。

　個人情報や機密情報などは、そのほかの情報と分けて考え、情報の外部委託が可能かどうかを検討します。社内のセキュリティルールなどで外部への保存が禁止されている場合は、許される範囲でクラウドを利用します。その後、メールなどから段階的にクラウドへ移行しましょう。

　まず、クラウドのサービス事業者に個人情報の管理体制が確立しているかを確認します。最近ではITの革新により、個人情報などをクラウドで安全に管理する技術（「クラウドへのアクセス制御」など）が開発されています。その技術とともに、社内で運用するしくみや設定とクラウドを組み合わせ、より高いセキュリティ性を確保しましょう。

　たとえば、アクセスの制限、データやファイルのパスワード設定と暗号化、画面のハードコピー禁止やファイルの印刷禁止、ダウンロード禁止やアクセス記録など、さまざま対策が可能です。これに加えて、万が一、情報漏えいやサイバー攻撃などにあった場合の対処法を、社員全員で共有しておきましょう。

まとめ
- メールはレンタルサーバー、ファイル共有は社内サーバーが一般的
- Office365やGoogle Appsなどのクラウドサービスで効率化
- プライベートクラウドで情報保護を強化し、危機管理体制を確立

第8章

セキュリティ対策をしよう

ウイルスやハッカーの侵入を防止しよう

インターネットやメールを頻繁に使う現在では、常にウイルスの侵入や情報漏えいなどの脅威にさらされています。セキュリティの知識を身に付け、セキュリティ対策をルール化して、社員1人1人が守る意識を高めましょう。

● セキュリティの意識を高く持つこと

ネットワークやインターネットを安心して使い続けるためには、まずセキュリティ対策を実施する必要があります。ウイルスの侵入や情報漏えいなどが発生し、パソコンやネットワークが急に使えなくなることがないように、万全な対策を立てましょう。

企業では、業務上の機密情報、顧客や社員の個人情報など、たくさんの情報を取り扱っています。たった1台のパソコンのセキュリティ対策が不十分なためにウイルスの侵入などを許すと、多大な損害につながります。そうした状況を防ぐためには、ネットワーク管理者だけではなく、社員1人1人がセキュリティについて強く意識し、パソコンやネットワークの運用ルールを守ることが大切です。

現在では仕事以外でも、いろいろな機会でパソコンや携帯端末を使ってインターネットにアクセスします。ブログやSNSなどで、会社で運用しているサーバーのアドレス、ユーザーID、パスワードなどの機密情報や個人情報を漏らすことのないように、社内で情報セキュリティに対する認識を共有しておきましょう。

セキュリティ対策の3原則

□ OSやブラウザ、よく使うソフトウェアを常に更新する
□ 必ずセキュリティ対策ソフトを導入する
□ ログイン時のユーザー名（ID）やパスワードなどを厳重に管理する

■ 情報漏えいの発生原因

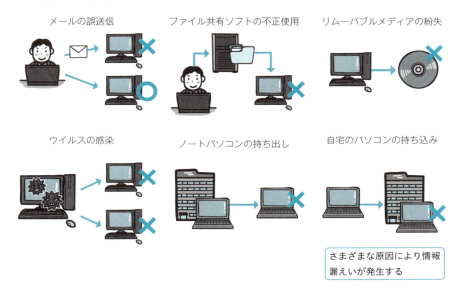

メールの誤送信　　　　ファイル共有ソフトの不正使用　リムーバブルメディアの紛失

ウイルスの感染　　　　ノートパソコンの持ち出し　　自宅のパソコンの持ち込み

さまざまな原因により情報
漏えいが発生する

● ハッカーの脅威に遭遇する危険性

　実社会の犯罪と同じように、インターネット上でも盗難や個人攻撃など、さまざまな犯罪があります。現在では、インターネットが日常的なツールとして浸透したことで、さらに犯罪に遭遇する危険性が増しています。ウイルスの作成やWebサイトの攻撃などを行うハッカーの脅威には、常にさらされていると考えておきましょう。気付かないうちにウイルスに感染したり、顧客や社員の個人情報が盗まれたりしないよう、パソコンなどのハードウェアだけではなく、個人情報なども保護する対策が必須です。

まとめ

● セキュリティの意識を持ち、セキュリティ対策をルール化する
● 誰でも被害にあうことを考え、セキュリティ対策の3原則を守る
● インターネット犯罪の危険性が増していることを忘れない

さまざまなネットワーク攻撃の対策をしよう

ネットワークを攻撃する手口は、巧妙かつ高度になっています。企業には販売データや顧客データなどの重要な情報があることを理解し、社員1人1人がセキュリティの意識を持って業務にあたるように働きかけましょう。

● ネットワーク攻撃の種類

　ネットワークに対する攻撃は、機密情報や個人情報などを盗むものから、Webサイトを改ざんするものなど多種多様です。攻撃手法もOSやサーバー、ソフトウェアなどの弱点を突いて侵入するものや、ユーザーになりすまして侵入するものなどがあります。また、Webサイトのファイアウォールやフィルタリング、不審な通信の遮断などをすり抜けて、特定の情報だけを巧妙に狙う標的型攻撃も増えつつあります。

■ 標的型攻撃メールで機密情報を抜き取る

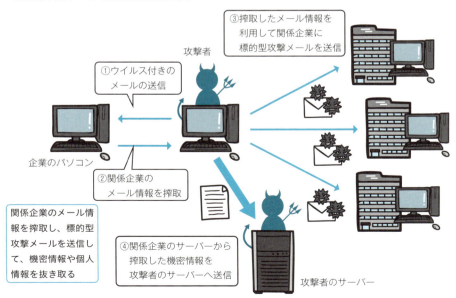

③搾取したメール情報を利用して関係企業に標的型攻撃メールを送信

攻撃者

①ウイルス付きのメールの送信

企業のパソコン

②関係企業のメール情報を搾取

関係企業のメール情報を搾取し、標的型攻撃メールを送信して、機密情報や個人情報を抜き取る

④関係企業のサーバーから搾取した機密情報を攻撃者のサーバーへ送信

攻撃者のサーバー

- □ 攻撃されていることに気付きにくい、または気が付かない
- □ 攻撃に対応するまでに時間がかかる

● ネットワーク攻撃への対策

　ネットワークを安全に使うためには、社員1人1人がセキュリティに対する正しい知識と対策を身に付け、技術の進歩に合わせて対応していくことが求められます。まずはパソコンや携帯端末などにセキュリティ対策ソフトをインストールし、アップデートの方法などを全社員に周知します。また、送信元が怪しいメールや迷惑メールの添付ファイルは開かない、不審なWebサイトを閲覧しないなど、セキュリティ対策の基本を徹底させましょう。

　ネットワーク管理者は、ネットワークの入り口で脅威を食い止めるために、ファイアウォールや侵入検知システムの強化、サーバーのOSやソフトウェアの更新、迷惑メール対策などを実施します。ネットワークの出口でも、データの暗号化やパスワードの付加、外部ネットワークとの通信制限、インターネットからの隔離などの対策も必要です。

　日頃からサーバーやルーターなどの通信状態を記録してネットワークを監視し、最新のウイルスの傾向などを把握して、脅威の対策をしていきましょう。ネットワーク攻撃への対策や被害の相談窓口などについては、以下のWebサイトで確認できます。なお、各都道府県警本部のWebサイトなどにも相談窓口が用意されています。

- □ 警察庁 サイバー犯罪対策
  https://www.npa.go.jp/cyber/
- □ 独立行政法人情報処理推進機構 情報セキュリティ安心相談窓口
  https://www.ipa.go.jp/security/anshin/index.html

まとめ

- 不審なメールは開かず、不審なWebサイトも閲覧しない
- 社員1人1人がセキュリティの知識と対策を身に付ける
- 攻撃に遭遇したらすぐに警察などの相談窓口に連絡する

最適なセキュリティ対策ソフトを導入しよう

セキュリティ対策ソフトには、ウイルス、迷惑メール、危険なWebサイトなどの脅威からパソコンを保護する機能が搭載されています。個人情報を取り扱う企業は、ネットワーク全体を保護するソフトウェアを選択しましょう。

● 企業によって異なるセキュリティ対策

　企業のセキュリティ対策は、企業の規模や業務内容、取り扱うデータの種類などによって異なります。ここでは、IT関連の企業と、個人情報を取り扱う企業、一般的な企業で、その特徴を挙げます。

IT関連の企業

　IT関連の企業では、システムやソフトウェアなどに関するノウハウが十分にあり、ほかの企業に比べて安全のように思われますが、注意したいのは人為的なミスによる情報漏えいです。たとえば、WebサイトやSNSなどに機密情報や個人情報などをうっかり投稿しないように、情報管理のルールの厳守が求められます。

個人情報を取り扱う企業

　個人情報を取り扱う企業では、情報管理の方針が文書化され、周知されていることが前提です。セキュリティ対策ソフトを導入し、さらに標的型攻撃への対策をする必要があります。ネットワークの入り口でメールやWebサイトなどへの不正な通信やファイルを検出する、パソコンに導入するセキュリティ対策ソフトで感染を抑制して情報漏えいを防ぐ、社員の操作によるデータ消失やメール誤送信などの不正活動を検出する、などの機能を搭載した統合セキュリティ対策システムの導入が求められます。

一般的な企業

　上記に分類されない企業であっても、すべてのパソコンやサーバー、携帯

端末などにセキュリティ対策ソフトをインストールし、自動更新の設定にするなどの対策は必須です。また、パソコンやサーバーのHDDは定期的に、USBメモリーはパソコンに接続する際に、必ずウイルスチェックを行います。

● セキュリティ対策ソフトの種類

セキュリティ対策ソフトには、パソコンや携帯端末にインストールするもの、社内の管理サーバーに導入してパソコンや携帯端末にダウンロードするサーバータイプのもの、クラウドから利用するものなどの形態があります。

なお、セキュリティ対策ソフトと企業向けのサポートをセットにした「ウイルスバスター ビジネスセキュリティサービス」（http://www.trendmicro.co.jp/jp/business/products/vbbss/index.html）など、さまざまなサービスが提供されています。障害が発生した際にもスムーズに対応できるので、会社の規模や業務内容、予算などを考慮し、これらのサービスの導入を検討しましょう。

■サーバータイプのセキュリティ対策ソフト

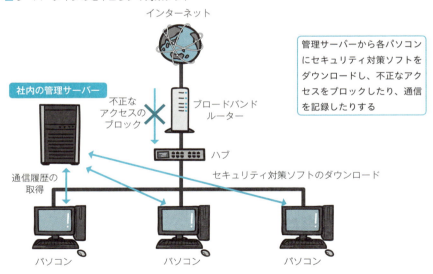

インターネット

管理サーバーから各パソコンにセキュリティ対策ソフトをダウンロードし、不正なアクセスをブロックしたり、通信を記録したりする

社内の管理サーバー

不正なアクセスのブロック

ブロードバンドルーター

ハブ

通信履歴の取得

セキュリティ対策ソフトのダウンロード

パソコン　パソコン　パソコン

まとめ
- 人為的なミスによる情報漏えいには常に注意する
- パソコンに接続する外部記憶装置は必ずウイルスチェックを行う
- セキュリティ対策ソフト＋企業向けサポートのサービスを検討する

04 特定のパソコンだけを 接続できるようにしよう

社内ネットワークには、すべてのパソコンや携帯端末などを接続するのではなく、特定の端末のみを接続するように設定できます。その設定の種類と方法を理解し、社内ネットワークに適した方法を選択しましょう。

● 特定の端末のみを接続する設定方法

　ネットワークに登録したパソコンや携帯端末を、すべてのパソコンや携帯端末から接続できるようにするのではなく、接続を制限することも可能です。たとえば、「会社の経理書類や機密文書などの重要なデータが保存されているパソコンを、社員のパソコンからは接続できないようにして、インターネットにだけ接続できるようにしておく」といったことができます。

　このような設定を行うには、管理者権限でパソコンにログインし、コンピューターのプロパティで所属するグループを「WORKGROUP」に設定します。接続させないほかのパソコンは別のワークグループに所属させるか、パソコン自身のホームグループに所属させます。さらに、ネットワークの共有設定でネットワーク探索を無効に設定すると、ほかのパソコンから接続できなくなります。

■ネットワーク探索の設定

［ネットワーク探索を無効にする］を選択する

ネットワーク探索の設定を確認するには、コントロールパネルの［ネット
ワークとインターネット］→［ネットワークと共有センター］をクリックし
ます。［ネットワークと共有センター］の［共有の詳細設定の変更］をクリッ
クし、［ネットワーク探索を無効にする］をクリックしてオンにします。

　このように設定する場合は、ネットワーク管理者だけが管理者権限でパソ
コンにログインできるようにしておきましょう。業務でパソコンを操作する
ユーザーは、標準ユーザーの権限で利用します。

● サーバーでのネットワークの接続管理

　Windows Serverでサーバーにログインできるユーザーアカウントを設定
すると、そのユーザーだけがサーバーに接続できるようになります。ユーザー
は、設定されたユーザーアカウントとパスワードを使ってサーバーにログイ
ンします。

　さらに、サーバーにグループを作成し、設定したユーザーアカウントをそ
のグループに所属させると、複数のユーザーをグループで管理することも可
能です。そのグループにユーザーを追加したり削除したりすることで、ユー
ザーアカウントを効率よく管理できます。

● MACアドレスでのネットワークの接続管理

　「MACアドレス」とは、ネットワーク上でパソコンや周辺機器などを識別
するために割り振られている固有の番号です（Windowsでは「物理アドレス」
ともいいます）。このMACアドレスを使えば、ネットワークに接続できるパ
ソコンや携帯端末を制限でき、セキュリティを確保することもできます。

　MACアドレスを制限する機能は、ブロードバンドルーター、ハブ、無線
LAN親機などのネットワーク機器のほか、ネットワーク内のIPアドレスを自
動配布するDHCPサーバーにもあります。ただし、MACアドレスは偽装が可
能なため、MACアドレスによるフィルタリングが万全ということではありま
せん。

　とくに無線LANの場合は、流れているデータを容易に監視・収集できま
す。データの中にはMACアドレスも含まれているので、知識があればMAC
アドレスの偽造もかんたんにできてしまいます。その際は、MACアドレスの

ほかに暗号化したパスワードを設定しましょう。データの解読が困難になり、MACアドレスのなりすましを防止できます。

有線LANの場合は、信頼できないパソコンや携帯端末などを社内ネットワークに接続しないルールを徹底しましょう。

ブロードバンドルーターの場合

ブロードバンドルーターで登録したMACアドレスのみを接続できるようにすることで、パソコンの接続を制限できます。

■ブロードバンドルーターによるMACアドレスの制限

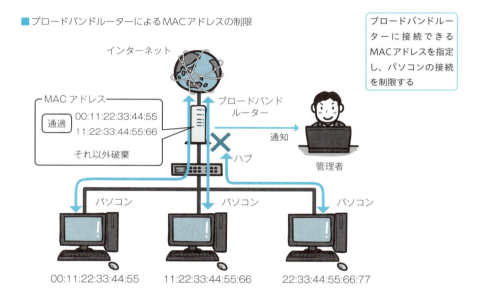

ハブの場合

MACアドレスのフィルタリング機能が搭載されているハブでは、特定のMACアドレスだけをネットワークに接続するように設定できます。高機能な機種では、LAN端子をグループ化し、グループごとにフィルタリングを行うこともできます。

無線LAN親機の場合

接続するパソコンのMACアドレスを無線LAN親機に登録すると、登録したパソコンだけが無線LAN親機に接続できるようになります。無線LAN対

■無線LAN対応のプリンターによるMACアドレスの制限

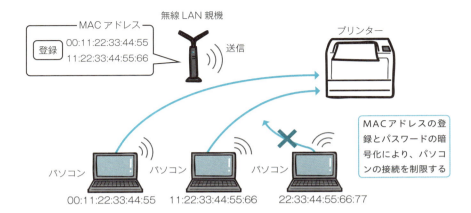

応のプリンターなどでもMACアドレスを制限できます。

DHCPサーバーの場合

　DHCPサーバーには、MACアドレスでパソコンや携帯端末を認証する機能があります。指定したMACアドレスのパソコンや携帯端末のIPアドレスだけを取得し、ネットワークに接続します。

● 人による管理（ポリシーの明確化）

　ネットワーク上でアクセスを制限しても、アカウントやMACアドレスを偽装すればネットワークに接続できてしまいます。社内でネットワークの運用方針（ポリシー）を文書化して周知しておき、システムの変更に合わせてポリシーを更新しながら、全社員でセキュリティ性を保持していくことが大切です。

まとめ
- 特定の端末だけネットワークに接続して、セキュリティ性を高める
- MACアドレスによる制限は便利だが、MACアドレスの偽装に注意
- セキュリティは社内でポリシーを文書化して、全社員で保持する

05 ソフトウェアを最新版に アップデートしよう

OSやソフトウェアにはさまざま機能がありますが、リリース後に改善点や不都合が見つかることもあります。それらを修正するため、常に更新プログラムをインストールし、アップデートを行いましょう。

● 最新版にアップデートする重要性

　ソフトウェアの「アップデート」は、ソフトウェアを最新の状態に更新する作業です。アップデートを行うと、ソフトウェアのユーザビリティの改善や不都合の修正などが行われます。アップデートに必要な更新プログラムは、多くの場合、インターネットを経由して無償で提供されます。

　一方、新バージョンのOSへの移行など、外観や機能が大幅に改良される場合は「アップグレード」や「バージョンアップ」といいます。市販のソフトウェアのうち、古いバージョンからアップグレードする形でインストールするタイプを「アップグレード版」といいます。新規にインストールする「通常版」と比べて、アップグレード版は低価格で提供されます。

■アップデートの実行

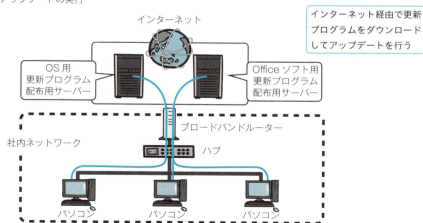

ソフトウェアのアップデートは、一度実行すれば完了というものではあり
ません。新たな不都合などが発見されると、それを修正するための新しい更
新プログラムが公開されます。不都合にはセキュリティ上の欠陥も多いため、
新しい更新プログラムがあるかを確認し、パソコンを常に最新の状態にして
おくことが、あらゆるサイバー攻撃への有効な対策になります。

アップデートを行わないことによる主な危険性

□セキュリティの脆弱性などを突いた不正アクセスやウイルスの侵入
□機密情報や個人情報などの重要なデータの漏えい
□なりすましやパソコンの乗っ取りによる遠隔操作

● アップデートのメリット

　ソフトウェアのアップデートは、セキュリティ面だけではなく、機能面の
メリットもあります。各メーカーでは、常に新しいバージョンのソフトウェ
アを開発しているので、アップデートを行えば最新の機能が組み込まれた状
態でソフトウェアを利用できます。

アップデートの主なメリット

□OSやソフトウェアの不都合などが修正されて信頼性が向上する
□新しい周辺機器やソフトウェアなどとの連携に対応できる
□標準のソフトウェア（ブラウザやメーラーなど）の最新版を利用できる

● アップデートの方法

　アップデートを行う前に、まずセキュリティ対策ソフトが最新の状態に
なっているかを確認しましょう。その上で、パソコンをログイン直後の状態
にします。アップデート中はパソコンの電源を入れたままにしておき、ほか
のソフトウェアなどは使わないようにします。まれにアップデート後にトラ
ブルが発生し、パソコンが起動できなくなることがあるので、重要なデータ
はバックアップをしておくと安心です。

Windows の場合

Windowsのバージョンに応じて、更新プログラムの確認とインストールが自動的に実行されるように設定します。Windows 10では、スタートメニューから［設定］→［更新とセキュリティ］をクリックし、［Windows Update］の［詳細オプション］をクリックします。［更新プログラムのインストール方法を選ぶ］で［自動（推奨）］を選択します。なお、この設定はAnniversary Updateを適用した場合は不要で、更新プログラムが自動的にインストールされます。

Windows 8.1以前では、コントロールパネルの［システムとセキュリティ］→［Windows Update］→［設定の変更］をクリックします。［重要な更新プログラム］の［更新プログラムを自動的にインストールする］を選択します。

自動的に更新する場合、更新プログラムには3つの種類があります。

■ 更新プログラムの種類

重要な更新プログラム	パソコンを保護するために、すべてのパソコンでインストールの必要がある更新プログラム。重大な障害をもたらす危険性のある問題を修正し、パソコンの安全性と信頼性を向上させる。
推奨される更新プログラム	必要に応じてインストールする更新プログラム。Windows Updateで［推奨設定を使用します］を選択すると表示される。重要度がそれほど高くない問題の修正、機能やツールなどの追加を行う。推奨される更新プログラムには、ソフトウェアの更新プログラムや新機能、強化機能が含まれる。ドライバーなどは各メーカーのWebサイトなどで更新情報を確認する。
オプションの更新プログラム	必要に応じてインストールする更新プログラムで、深刻な不都合の修正ではないもの。Windowsの機能を追加するプログラム、各メーカーが提供するドライバーやツールなどが含まれる。

Linux の場合

LinuxにもWindowsと同じく、OSやソフトウェアのアップデートを自動で実行する機能があります。たとえば、「Debian GNU/Linux」のアップデート

■「Debian GNU/Linux」のアップデートマネージャー

世界中で使われており、Linux分野の開発者も多く、メンテナンスの機能が充実している

マネージャーを使うと、公式または非公式なソフトウェアのカテゴリの選択、DVDやサーバーからのダウンロード先の選択、更新頻度の設定、更新プログラムの提供者の認証方法の選択、などができます。

　また、主なLinuxディストリビューションとしては「Ubuntu」や「CentOS」などがあります。Ubuntuをアップデートする場合はapt-get update/upgradeコマンド、CentOSをアップデートする場合はyum updateコマンドを実行し、インストールされているパッケージを更新します。

クラウドの場合

　クラウドでは、利用しているサービスの形態により、自動で更新されるものと手動で更新するものがあります。社内に専門の技術者がいない場合は、サービス事業者が一括でアップデートするサービスを利用しましょう。

スマートフォンやタブレット端末の場合

　iOSやAndroidと、各アプリのアップデートが定期的に必要です。利用中のアプリ数が多い場合は、アップデートを行うための十分な時間を確保しましょう。バックアップが自動的に実行される場合もあります。

まとめ
- アップデートは必ず実行して、ソフトウェアを最新の状態にする
- 更新プログラムのカテゴリを理解して推奨設定にしておく
- スマートフォンやタブレット端末も忘れずにアップデートする

サポートが終了した
ソフトウェアを排除しよう

数世代前のWindowsやMicrosoft Officeなど、サポートが終了したソフトウェアはサイバー攻撃の標的になるおそれがあります。対象となるパソコンやサーバー、ソフトウェアなどを入れ替え、安全に使いましょう。

● サポートが終了したソフトウェアの危険性

OSやアプリケーションの最新バージョンが発売されても、現在使っている機能で間に合うようであれば、そのまま継続して使用できます。その場合、安全のためにアップデートは必ず実行しましょう。

定期的にソフトウェアをアップデートするためには、開発元がサポートとして更新プログラムを提供している必要があります。ソフトウェアには開発元のサポート期間（発売からおおよそ10年ほど）が設定されており、期間内であれば欠陥や不都合などを修正した更新プログラムが提供されます。その期間が終了すると、新たに欠陥や不都合などが発見されても修正されず、そこを突いて外部から攻撃される危険性が高まります。

■ WindowsとMicrosoft Officeのサポート期間

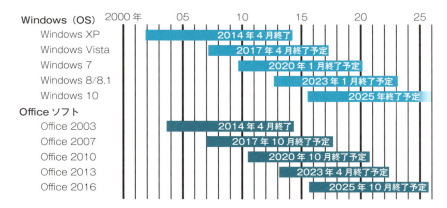

● Windowsのサポート状況と入れ替え

Windowsのうち、Windows XP以前の製品はサポートが終了しています。Windows Vistaは2017年4月、Windows 7は2020年1月、Windows 8.1は2023年1月でサポートが終了する予定です。Windows Serverでは、Windows Server 2003以前の製品はサポートが終了しました。Windows Server 2008は2020年1月、Windows Server 2012は2023年1月でサポートが終了する予定です。

これらのWindowsは、サポートが終了する前に最新版に入れ替える必要があります。その際、OSの移行には時間とコストがかかるので、余裕のある計画を立てて入れ替えを行いましょう。

入れ替えの方法の種類

□ 既存のパソコンやサーバーをアップグレードする
□ 既存のパソコンやサーバーに新バージョンをインストールする
□ 新しいパソコンやサーバーを購入し、データやソフトウェアを移行する

パソコンやサーバーの台数、ソフトウェアの設定環境、技術者のスキル、作業期間、コストなどにより、選択すべき方法は異なります。既存のパソコンやサーバーは、将来的に故障や性能不良などが発生する可能性があるので、最新のパソコンやサーバーを購入するのが好ましいでしょう。

● 資産管理ソフトによるバージョンの確認

ネットワーク上でOSやアプリケーションのインストール状況などを管理するソフトウェアを使えば、アップデートの計画を立てるのに役立ちます。それらを管理する「資産管理ソフト」には、たとえば「eSurvey」などがあります。管理用のパソコンに資産管理ソフトをインストールするだけで、各パソコンの仕様や使っているソフトウェアのバージョンなどを収集できます。

まとめ
- サポートが終了したソフトウェアは使用しない
- 予算があれば、パソコンやサーバーを新しく購入するのがよい
- 資産管理ソフトでネットワーク上からパソコンやサーバーを管理

07 重要なデータは ネットワークから切り離そう

個人情報などの機密性が高いデータを保存したパソコンは、ネットワークから遮断し、鍵のかかる部屋で運用すると安全です。さらに、ファイルのパスワード設定や暗号化などを行い、全社員に運用ルールを徹底させましょう。

● インターネットから遮断した場合の安全性

　特定の組織や個人情報などを標的としたサイバー攻撃が増えています。その対策としては、重要なデータが保存されているパソコンをインターネットから遮断する方法があります。

　この場合、システム上は情報漏えいが発生する危険性が低下しますが、人為的なミスの危険性は回避できません。情報をより安全に管理するためには、セキュリティや情報管理に対する全社員の意識を高める必要があります。

■インターネットから物理的に遮断させた環境

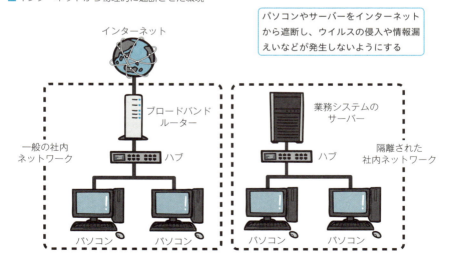

インターネット

パソコンやサーバーをインターネットから遮断し、ウイルスの侵入や情報漏えいなどが発生しないようにする

ブロードバンドルーター

業務システムのサーバー

一般の社内ネットワーク

ハブ

ハブ

隔離された社内ネットワーク

パソコン　パソコン　　パソコン　パソコン

● ネットワークから遮断して運用する方法

より機密性が高い情報を管理するためには、インターネットだけではなく、社内ネットワークからもパソコンを遮断（オフライン）し、ファイルへのパスワード設定と暗号化を行って保存します。また、パソコンの使用者を限定し、周辺機器などのない、鍵のかかる部屋で運用するのが理想です。

オフラインの環境では、インターネット経由によるウイルス侵入の危険性は低下しますが、UBSメモリーやCD-ROMなどのリムーバブルメディアを介してウイルスが侵入する危険性はあります。オフラインの環境下でもセキュリティ対策ソフトを更新できる、USBメモリータイプのウイルス検索・駆除ツールで定期的にスキャンを実行しましょう。

● 個人情報や資産となるデータの運用

オフラインのパソコンで重要なデータを保護するため、「重要なパソコンの運用ルール」を作成しておきましょう。アップデートでインターネットに接続する場合は、管理者が無線LANを有効にし、モバイルWi-Fiルーターなどで接続します。

重要なパソコンの運用ルール（例）

1　重要な情報資産を区分し、情報の入手、保存、廃棄の手順を定める
2　重要なパソコンにセキュリティ対策ソフトを導入する
3　無線LANやUSBメモリーなどの接続は必要なときだけ管理者が行う
4　重要なパソコンの利用は許可制にし、履歴を管理する
5　重要なパソコンは一般ユーザーでログインさせる
6　WordやExcelなどのファイルは、パスワードの設定と暗号化を行う
7　データの印刷やリムーバブルメディアへの保存などは許可制にする
8　社員のほか、パートや外部協力者も含めて運用ルールを徹底させる

まとめ
- 重要なパソコンはオフラインにして、施錠できる部屋で運用する
- 重要なパソコンの運用ルールを作成し、全社員に徹底させる
- アップデートのときだけ、管理者がインターネットに接続する

第**8**章　セキュリティ対策をしよう

ネットワークの監視を強化しよう

ネットワーク障害の原因特定や、パフォーマンスの維持管理などのために、ネットワークの状態を監視しましょう。パソコンやサーバーの操作、システムの動作などを記録しておけば、セキュリティ対策としても役立ちます。

● ネットワーク監視の重要性

　ネットワークに接続できないなどのトラブルが発生すると、復旧が遅れた分だけ損失が大きくなります。したがって、ネットワークを安定して運用するための管理と対策が求められます。そのためには、普段からネットワークを監視し、最適な対策を立てられるようにしておきましょう。

■ ネットワーク監視のしくみ

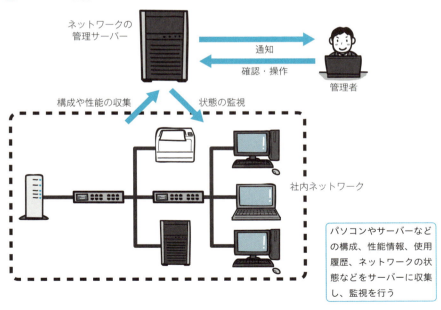

ネットワークの
管理サーバー

通知

確認・操作

管理者

構成や性能の収集　　状態の監視

社内ネットワーク

パソコンやサーバーなどの構成、性能情報、使用履歴、ネットワークの状態などをサーバーに収集し、監視を行う

ネットワークを監視するためには、管理者がネットワークの構成をきちんと把握し、ネットワークの状態を管理できるようにしておく必要があります。その上で、障害が発生したときの影響の大きさを考慮し、監視する対象を検討しましょう。ネットワークの監視によって、きちんとシステムが稼働しているか、遅延や経路変更がないかなどの状況を把握し、必要な対策を立てます。

障害の予防策としては、「これを超えたら障害が発生する」という基準値を設定しておき、その基準値を超えないための対策を検討します。たとえば、パソコンからサーバーへ大容量のファイルを送信し、その時間を計測して、通常の倍以上の時間を要する場合は、ネットワークに負荷がかかっています。また、Windowsのネットワークコマンドでブロードバンドルーターやサーバーへ到達するルートを確認するtracertコマンド（247ページ参照）を実行し、通常と異なるルートで接続した場合などは、障害が起きている可能性があります。

ネットワーク監視のメリット

☐ 障害が起きる前に通知される
☐ ネットワークの状況を定期的に取得し、管理や見直しに活用できる
☐ ハードウェアへの負荷による障害などの予兆を確認できる

ネットワーク監視の対象

☐ パソコンやサーバー、ネットワーク機器などのハードウェア
☐ ネットワーク上のサービス
☐ ネットワーク上を流れているデータのパケット
☐ さまざまなネットワーク機器からの異常を知らせる情報

パソコンやサーバー、ネットワーク機器などのハードウェアを監視すると、機器が正常に動作しているかを確認できますが、ハードウェアが障害の原因ではない可能性もあります。その場合は、ネットワーク上の機器どうしやプログラム間でどのようなデータが送受信されているかを確認しましょう。どこかで余分な動作が発生していたり、不要なプログラムが頻繁にデータを送受信していたりなど、送受信されているデータの流れ（パケット）を監視することで、ネットワーク遅延の原因などを特定できます。

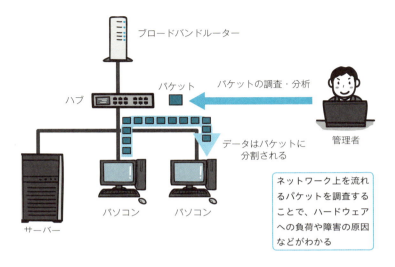

ブロードバンドルーター

ハブ

パケット

パケットの調査・分析

データはパケットに
分割される

管理者

サーバー

パソコン　　パソコン

ネットワーク上を流れ
るパケットを調査する
ことで、ハードウェア
への負荷や障害の原因
などがわかる

● ソフトウェアによるネットワークの監視

　ネットワークを監視するときは、社内LAN構成図をもとに、インターネットの出入口であるブロードバンドルーターと、ファイル共有などに使っているパソコンやサーバーに流れているデータを記録します。Windows版の「Wireshark」をインストールすると、そのパソコンに流れているパケットの

■「Wireshark」によるネットワークの監視

ネットワークに流れるパ
ケットの情報をリアルタイ
ムで把握でき、ネットワー
ク障害の原因特定などに役
立つ

情報を取得し、表示や保存ができます。

　なお、Windows版のWiresharkは無線LANに対応していますが、ほかの
パソコンの無線LANのデータの情報は取得でません（2016年7月現在）。
Linux版はこの機能に対応しています。

● パソコンやルーターのログの確認

　パソコンやサーバーを使って「誰が」「いつ」「どのような」操作を行った
かなど、パソコン内部の状態を確認することも、セキュリティ対策として重
要です。パソコンやサーバーの操作記録、アクセス記録、およびOS内部で実
行されたプログラムなどは、ログに保存されています。Windowsの場合は、
■ キーと X キーを同時に押し、表示されたクイックアクセスメニューから
［イベントビューアー］を選択すると、「イベントビューアー」が起動してログ
を確認できます。

　記録できるログの種類は、操作としては、ログイン・ログアウト、プログ
ラムの起動、ファイル操作、インターネットへのアクセスなどです。また、
OS内部で実行されたプログラムとしては、サービスの状態、スケジュール化
されたタスクの状態、ハードウェアの状態、TCPアドレスの設定などです。

　ブロードバンドルーターにもログが記録されています。プロバイダーとの
接続や通信、ネットワーク障害、IPアドレスの設定などの記録を確認でき、
インターネットに接続できないトラブルの解決などで役立ちます。

　ブロードバンドルーターのログは、パソコンのブラウザで管理画面から表

■ Windowsのイベントビューアー

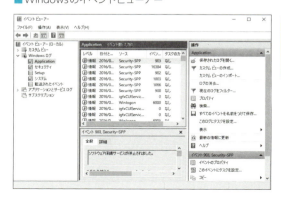

> プログラム起動の記録や更新
> プログラムのダウンロード情
> 報などを参照でき、Windows
> のトラブル解決などに役立つ

示させたり保存したりできます。ただし、ログに残る情報はブロードバンドルーターの機種によって異なり、ログの解析には相当の知識が必要とされます。低価格のブルーロバンドルーターでは、過去数日間のログしか保存されない場合もあります。

● リモートによるほかのパソコンの操作

パソコンやサーバーの状態を確認するためには、自分のパソコンから目的のパソコンやサーバーに接続してさまざまな作業が行える「リモートデスクトップ」の機能を使うと便利です。リモートデスクトップの接続先になり、ログインできる「ホスト機能」は、WindowsのProエディション以上に搭載されています。Homeエディションでは、ホスト側のパソコンに接続する「クライアント機能」だけが搭載されています。

■ リモートデスクトップのしくみ

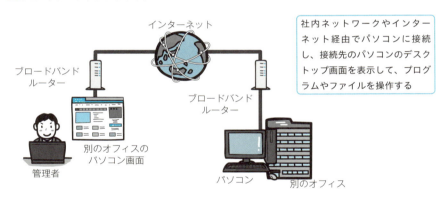

インターネット

ブロードバンドルーター

ブロードバンドルーター

社内ネットワークやインターネット経由でパソコンに接続し、接続先のパソコンのデスクトップ画面を表示して、プログラムやファイルを操作する

別のオフィスのパソコン画面

管理者

パソコン

別のオフィス

Proエディション以上の接続先に接続する場合

スタートメニューから［すべてのアプリ］（または［すべてのプログラム］）→［Windowsアクセサリ］→［リモートデスクトップ接続］をクリックします。［リモートデスクトップ接続］の［コンピューター］で接続先（ホスト）のパソコンを選択し、ホストのユーザー名とパスワードを入力します。接続後、ホストに指定したパソコンのデスクトップ画面が表示され、自分のパソコンからすべての操作を行うことができます。

Chromeリモートデスクトップを利用する

　Homeエディションに接続したい場合は、Googleが提供するブラウザ「Chrome」のリモートデスクトップのアプリを使うと便利です。接続する側（クライアント）と接続される側（ホスト）にChromeリモートデスクトップのアプリをインストールし、ホスト側で接続を許可する番号を作成し、その番号で接続します。

　Windows以外のOS（MacやLinux）やタブレット端末から、Windows（Pro・Home）に接続したい場合も、同様の方法で接続できます。

■「Chrome」でリモートデスクトップを行う

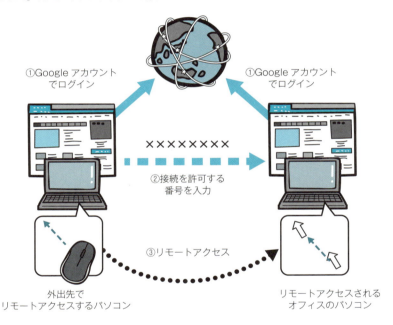

①Googleアカウント
でログイン

①Googleアカウント
でログイン

××××××××

②接続を許可する
番号を入力

③リモートアクセス

外出先で
リモートアクセスするパソコン

リモートアクセスされる
オフィスのパソコン

まとめ
- **ネットワーク監視により、障害の原因特定や予防ができる**
- **情報漏えい対策としてもパソコンやルーターのログ管理は必要**
- **リモートデスクトップで目的のパソコンに接続して操作できる**

09 社内でセキュリティの ルールを徹底しよう

ミスや不正などの人為的な情報漏えいが発生する可能性を考え、セキュリティポリシーを策定し、全社員に周知しましょう。ここではセキュリティポリシーの考え方や作成の手順、運用方法などを解説します。

● セキュリティポリシーの考え方

　企業を脅かすセキュリティ上のリスクには、ウイルス感染や不正侵入、標的型攻撃、情報漏えい、災害による被害などばかりではなく、現在は知られていない新たなリスクが発生する可能性もあります。それらを考慮し、ネットワーク管理者は「セキュリティポリシー」としてセキュリティ対策の行動指針を定めることが求められます。

　セキュリティポリシーを作成する目的は、企業の情報資産を脅威から守ることと、セキュリティポリシーを通して全社員のセキュリティに対する意識を高め、顧客から信頼される企業を目指すことにあります。

　一般的に、セキュリティポリシーは基本方針（基本ポリシー）、対策基準（スタンダード）、実施手順（手続き）から構成されます。

■セキュリティポリシーとは

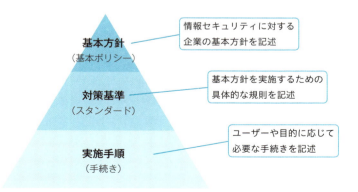

基本方針
（基本ポリシー）

情報セキュリティに対する
企業の基本方針を記述

対策基準
（スタンダード）

基本方針を実施するための
具体的な規則を記述

実施手順
（手続き）

ユーザーや目的に応じて
必要な手続きを記述

● ポリシーのサンプルを参考にする

　セキュリティポリシーの策定では、基本方針、対策基準、実施手順を中心に定義します。ここでは『JNSA セキュリティポリシー WG 作成ポリシーサンプル』（http://www.jnsa.org/policy/guidance/）を見本として紹介します。これを参考にして、社内でセキュリティポリシー検討会を開催し、社内のセキュリティポリシーを充実させましょう。

● セキュリティポリシーの策定

　セキュリティポリシーは、経営者の任命により、ネットワーク管理者が中心に策定しますが、経営層も策定段階からセキュリティポリシー委員会に参加するべきです。外部のコンサルタントが参加する場合は、アドバイザーとして協力してもらい、策定は社員だけで行います。

セキュリティポリシーの策定の手順

1. 経営者の任命によりセキュリティ委員会を組織し、責任者や担当者を明確にして、セキュリティポリシーの策定に着手する
2. セキュリティポリシーの目的、情報資産の範囲、セキュリティポリシーの策定期間、セキュリティポリシーの策定から実施、評価・見直しにおけるセキュリティ委員会メンバーの役割分担を明確にする
3. セキュリティポリシーを策定するスケジュールを決める
4. セキュリティポリシーの基本方針を決める
5. 社内の情報資産の洗い出し、脅威・リスクを分析して対策を決める
6. セキュリティ対策の基準、セキュリティポリシーの実施内容とそのスケジュールを決める

セキュリティポリシーを策定する際の注意点

1. セキュリティを保護する社内の情報資産や対象者を明確にする
2. セキュリティポリシーの運用を考慮し、実現できる範囲で、より具体的な内容で策定する
3. セキュリティポリシーに違反した場合の罰則も策定する

● セキュリティポリシーの運用方法

　セキュリティポリシーを策定したら、経営層も含めて全社員に周知します。その後、セキュリティポリシーに則って業務を遂行しているかを確認し、意識を高める活動を実施します。たとえば、違反時の罰則を説明し、同意書にサインしてもらうことでも、遵守の意識が高まります。

　環境の変化や新たな脅威の発生などにより、運用後もセキュリティポリシーの見直しが必要になります。見直しを行ったら、改善して全社員に周知します。このような、策定（Plan）、導入・運用（Do）、監視・見直し（Check）、維持・改善（Act）のPDCAサイクルが重要です。

■セキュリティポリシーの管理サイクル（PDCAサイクル）

策定（Plan）
基本方針、対策基準、
実施手順や運用規則の策定

導入・運用（Do）
配布、教育、物理的・技術的・人的対策、
障害時の対応策の実施

監視・見直し（Check）
システムの監視、運用規則の
遵守状況の把握などの実施

維持・改善（Act）
システムの改善・対策、
実施手順や運用規則の改善の実施

PDCAサイクルを回してセキュリティポリシーを充実させていく

　SNSは、企業の広報活動など、ビジネスでも広く活用されています。しかし、SNSへの投稿が情報漏えいに結び付いたり、なりすましが発生したりなどの被害に遭遇するリスクもあります。セキュリティポリシーにSNSの利用ルールを明記して、全社員に周知しましょう。

　クラウドでは、一般のユーザーと同じ環境のパブリッククラウド（188ページ参照）を使う場合、インターネット経由で業務システムやサービスを使うことになり、サービス事業者への依存度が高くなります。OSやソフトウェアの更新、不正アクセスの対策、ログの管理、通信の暗号化など、機密性を保持するためのサービス事業者への要求レベルを決めておきます。その上で、

会社のセキュリティポリシーとサービス事業者のセキュリティ対策が合致しているかを検討しましょう。

　社員のミスや不正などの人為的操作、廃棄パソコンやUSBメモリー、CD/DVDなどから情報漏えいが発生する場合もあります。ネットワークに接続する機器を制限し、USBメモリーやCD/DVDの保管など、データの運用管理の方法をセキュリティポリシーに記載しておきましょう。

　万が一の危機管理として、障害発生時の対応方法も明記し、迅速に対応できるようにしましょう。パスワードを忘れた場合を例にすると、たとえば以下のような文面でセキュリティポリシーに対応方法を記載しておきます。

▶ パスワードを忘れた場合の対応

1. ユーザーがパスワードを忘れた場合は、ユーザー本人がシステム管理者にパスワード新規発行の申請をする
2. システム管理者は、申請したユーザーが本人であるかの確認をする
3. 発行依頼を受けたシステム管理者は、すみやかに新規パスワードを発行し、申請者に通知する

まとめ

- 会社の業務内容に合わせ、セキュリティポリシーを策定しておく
- 策定、導入・運用、監視・見直し、維持・改善のサイクルが重要
- セキュリティポリシーに障害発生時の対応方法を明記する

引用：『情報セキュリティポリシーサンプル（0.92a版）』
　　　NPO法人 日本ネットワークセキュリティ協会（JNSA）
　　　http://www.jnsa.org/

第**8**章　セキュリティ対策をしよう

外部業者の利用：
①依頼する業務の整理

ネットワーク管理を外部業者へ委託する場合、業務の洗い出しを行って現状を正確に把握します。たとえば、出社から退社までの業務を洗い出すことで、業務に潜む情報セキュリティのリスクがわかります。

● ネットワーク管理の業務の洗い出し・見直し

　ネットワーク管理を外部業者へ委託する場合、まずはネットワークを利用する業務を洗い出し、現状を把握することが必要です。とくに新規にネットワークを構築する場合は、対象の事業と業務内容を正確に定義することが大切です。そして、取引先や関連企業との関係において、インターネット、社内ネットワーク、業務システムとそのデータ、取引先の顧客情報などを利用する業務を洗い出し、業務に潜む情報セキュリティのリスクを明確にします。

　企業で必要とされるネットワーク管理とセキュリティ管理の業務として、以下のような項目を洗い出します。新設や見直しが必要な項目があれば、その内容を定義します。

ネットワーク管理の業務の例

☐ パソコン、携帯端末、サーバーなどの技術的なサポートや障害対応

☐ ルーターなどの通信機器やケーブルの技術的なサポートと障害対応

☐ ソフトウェアや業務システムなどの技術的なサポート

☐ Webサイト、メール、クラウドなどのサーバーやネットワークの管理

☐ パソコンやサーバー、ソフトウェア、通信機器などの資産管理

☐ 人事異動やオフィス移転などに伴う組織変更時のネットワークの技術的なサポート

☐ パソコン、携帯端末、ソフトウェア、メール、インターネットなどの社内教育・研修

☐ ネットワーク管理に必要な資料作成・修正

☐ 今後のネットワーク計画および予算管理

□ 各業務に潜在する情報セキュリティのリスクの調査と対策の検討
□ ウィルス対策ソフトなどのセキュリティソフトの運用管理
□ 保護が必要な個人情報や機密情報の洗い出し
□ 社内の情報セキュリティポリシーの策定、運用、管理
□ 社員や関係社員のセキュリティ教育

● ゴールの設定

　ネットワークを運用する際は、機能や性能の高さ、情報セキュリティ対策の対象範囲などに対してゴール（目標）を設定します。その際、会社で使える予算やネットワークの規模、安全性などを十分に考慮し、かつオーバースペックにならないようにすることが大切です。

　たとえば、10台程度のパソコンのネットワークでは、Windowsサーバーやマイクロソフトのドメインを使わずに、ワークグループでも構築できます。ただし、個人情報を扱う場合はドメインの利用を検討しましょう。

● 外部にするか内部にするかの判断

　ネットワークに関する知識やスキルのある人材が社内にいない場合は、社外の業者へ委託する範囲を決めます。これは、ネットワーク管理と社内の業務を兼任する場合も同様です。社外の業者に委託する場合、ある程度のネットワーク管理は社内でできても、教育や研修などは専門性が求められるので、外部に委託するとよいでしょう。

　外部に委託する業務は、社内でしっかりと管理することが重要です。とくに個人情報を取り扱う業務を委託する場合は、情報セキュリティ監査と同等にチェックできることが必要です。

まとめ
● 業務を洗い出し、情報セキュリティのリスクを明らかにする
● 人材がいなかったり兼任したりする場合は業務の一部を委託する
● 委託する業務は社内でしっかりと管理できることを前提とする

外部業者の利用：
②業者を選ぶ際のポイント

外部業者を選ぶ際は、複数の業者から情報を収集することと、業者の選択基準を決めておくことが大切です。自社の視点だけではなく、標準とされている規格や公的なガイドラインを確認し、公平に評価しましょう。

● 情報提供依頼（RFI）を行う

　ネットワーク管理を外部業者へ委託する場合は、複数の候補から1社に絞る際の検討材料となる情報を入手します。まずは外部業者に「情報提供依頼（RFI）」をして回答を得ましょう。RFIとはRequest For Informationの略で、外部業者に対して委託したい業務や委託方法などに関する情報の提供を求めることです。これは自社にない情報を得る機会にもなり、委託する業務が適切であるかを再検討できます。

　外部業者を選ぶときは、社歴の長い企業ほど「自社のノウハウに従って判断すれば間違いない」と考える傾向にあります。しかし、自社だけで最新の技術に追従するのは簡単ではありません。また、自社の視点だけで外部業者を選ぶと、それまでの人間関係を過度に重視し、本当は問題がある業者との契約を継続してしまう危険性があります。

　RFIを行うときは、これまで取引のある外部業者だけではなく、そのほかの業者も調査して依頼します。そうすることで、これまで自社になかった視点から、ネットワーク管理を見直す材料が得られる可能性があります。

● 規格やガイドラインの収集と確認

　ネットワーク管理については、国内だけではなく、世界的な公的機関が多くの規格やガイドラインを制定し、公開しています。ネットワーク管理者は、自社のネットワーク管理がこれらの規格・ガイドラインに沿っているかを確認する必要があります。自社のルールがこれらに反する場合、損害の発生時に取引先の信頼を失ったり、自社の責任が問われる事態になったりするおそ

れがあります。外部業者を選ぶときも、業者の業務内容が公的な規格やガイドラインに準拠しているかを確認しましょう。ISMS認証など、第三者機関が認証する資格を取得しているかも大きなポイントです。

主な規格・ガイドライン

- □ ISMS適合評価制度
  組織のISMS（情報セキュリティ管理システム）が国際規格に適合し、第三者の審査登録機関が有効に運用されているかを評価・認定する制度
- □ 組織における内部不正防止ガイドライン
  企業などに必要な内部不正対策を効果的に実施することを目的として作成された指針
- □ プライバシーマーク
  個人情報の適切な保護措置を講ずる体制が整備された事業者を認定する制度
- □ 委託関係における情報セキュリティ対策ガイドライン
  IPA（情報処理推進機構）が制定する「中小企業の情報セキュリティ対策ガイドライン」に含まれる指針

● 公平に外部業者を選ぶために

適切な外部業者を選ぶためには、基準が公平であることが望まれます。そのためには、業者の選択基準を決め、業者に見積書を依頼する前に、社内で承認を得ておきます。選択基準はポイント制などにすることで、公平に選ぶことができます。

まとめ

- これまで取引のない業者も調査し、情報提供を依頼する
- 業務が公的な規格やガイドラインに準拠しているかを確認する
- 公平に評価できるように外部業者の選択基準を決めておく

外部業者の利用：
③業者との交渉の進め方

外部業者を選ぶ際は、複数の業者から収集した情報をもとに、業者に提案書をまとめてもらい、その提案が自社の業務に最適かを判断します。見積書を取り寄せてから、費用対効果をもとに検討してもよいでしょう。

● 外部業者を選ぶ流れ

　複数の外部業者に情報提供を依頼（RFI）したら、ネットワーク管理に関する提案を依頼（RFP）し、提案書などにまとめてもらいます。提案書を収集したら、それをもとに不明な点などを確認し、最適な外部業者を選定します。その後、外部業者を絞り込み、見積書を依頼（RFQ）して、コストとサービスのバランスが自社の有利になるように交渉します。

■外部業者との交渉の流れの例

情報提供依頼 （RFI）	外部業者に委託したいネットワーク管理の業務を示し、情報提供を依頼する
↓	
提案依頼 （RFP）	外部業者に業務の詳細や留意点、日程などを示し、提案書を依頼する
↓	
業者の選定と見積依頼 （RFQ）	外部業者の提案書やスキルなどに基づいて選定を行い、見積書を依頼する
↓	
サービスレベル合意（SLA）と 契約の締結	外部業者の見積書をもとに交渉を行い、サービスレベルを決めて契約する

● 提案依頼（RFP）と提案の評価

　RFPとはRequest For Proposalの略で、情報提供依頼（RFI）に対する回答があった外部業者にネットワーク管理に関する提案を依頼することです。提案を依頼するときは、ネットワーク管理の詳細や留意点、選定スケジュー

ルなどを伝えます。提案を依頼する時点では、詳細な内容を提示できないこともあるので、コストなどは概算の金額となります。複数の外部業者から資料を収集したら、外部業者と打ち合わせを行い、提案の妥当性を確認します。

　提案内容を確認したら、外部業者の選択基準に基づいて公平に評価し、最適な提案と判断できる業者を内定します。

● 見積依頼（RFQ）と見積書の検討

　RFQとはRequest For Quotationの略で、内定した外部業者に詳細な条件を提示し、見積書を依頼することです。複数の外部業者の資料を確認して1社に絞り切れない場合は、2社以上に見積書を依頼してもよいでしょう。

　ネットワーク管理の条件は企業の機密情報であるため、外部業者との間で守秘義務契約（NDA：Non-Disclosure Agreement）を締結します。守秘義務契約には機密情報を保持することだけではなく、情報漏えいが発生した場合の罰則や保証なども明記します。

　見積書が提出されたら、ネットワーク管理にかけられるコストと比較しながら、依頼する業務を検討します。このとき、社内に必要な機能や性能などを考慮し、妥当と判断された1社が契約先の候補となります。

● サービスレベル合意（SLA）に向けた交渉

　SLAとはService Level Agreementの略で、どの水準のサービスを提供してもらい、料金を支払うかの合意（書）です。ネットワーク管理の体制やトラブル発生時の対応などの条件とコストを、費用対効果で検討し、外部業者と自社との間で合意します。この合意を取り付けるために、サービスの金銭的効果を算出し、必要であればサービスの変更などで値下げを交渉します。

まとめ
- 提案書を収集し、外部業者の選択基準をもとに公平に評価する
- 見積書をもらい、必要な性能や機能をもとに妥当性を検討する
- 適切な費用対効果になるようにサービスレベルを交渉する

外部業者の利用：
④契約時に注意すること

外部業者と契約を交わす際のポイントの1つは、外部業者の機密情報の取り扱いが妥当であるかです。また、別の業者への再委託、期間満了時や契約解除時を想定して取り決めを行っておくことも重要です。

● 機密情報の取り扱いの妥当性

　IPA（情報処理推進機構）は「委託先における情報セキュリティ対策事項」において、「委託契約では、機密情報の取扱いに関して、必要かつ適切な安全管理措置について、委託者、受託者の双方が同意した内容を事前に具体的にする必要がある」としています。とくに機密情報を扱うネットワーク管理では、安全管理を実現する適切なしくみを備えている必要があります。これについて、契約時には以下の事項をチェックしましょう。

契約時の主なチェック事項

□ 機密情報の利用、保管、持ち出し、消去、破棄における取り扱い手順を
　定めているか？
□ 機密保持に関する遵守事項を従事者に周知させているか？
□ 機密保持のための教育を定期的に行い、受講記録を作成しているか？

　また、管理業務の内容や取り扱う情報の性質などに応じて、契約の条項や内容の取捨選択、運用上の工夫などにより、過不足がなく実効性が高い機密情報の管理を行う必要があります。なお、海外の外部業者の場合は、法律や商習慣、社会的習慣などが異なり、日本の常識が通用しないことも多いので、誤解が生じないように必要事項を明確に記述しなければなりません。

● 再委託を認める場合のポイント

　多くの場合、外部業者に業務を委託する際は、さらに別の業者に委託する

「再委託」を禁止します。しかし、ネットワーク管理の委託契約においては、より技術力の高い人材を確保するための再委託を認めるケースがあります。再委託を認める場合は、以下の事項を契約に含めるようにしましょう。

再契約の主なチェック事項

- □ 再委託の際は、事前に書面による同意を得ること
- □ 外部業者は再委託先に対して、自己が負う義務と同等の義務を書面にて課すこと
- □ 外部業者は、上記の義務を再委託先に課した旨を、依頼者に対して書面で報告すること
- □ 再委託先も機密情報開示に伴う全責任を負うこと
- □ 再委託先から外部業者への報告は、具体的な管理状況と合わせて依頼者に報告すること

● 期間満了時や契約解除時を想定した取り決め

機密情報の取り扱いによって知り得たことは、契約期間の満了後に公開されては困ります。これは何らかの理由で契約を解除した場合も同様です。したがって、以下の事項も契約に含めておきます。

期間満了時や契約解除時の主なチェック事項

- □ 期間満了時または契約解除時に、機密情報（複写や複製を含む）を依頼者に返却するか、自己で廃棄の上、その証明を依頼者に提出すること
- □ 守秘義務の規定には、「委託期間終了または本契約解除後○年間有効とする」のように有効期間を示すこと
- □ 権利義務の譲渡、成果の帰属、損害賠償、協議事項などの条項も同様に明記すること

まとめ
- 適切な安全管理を実現するしくみがあるか契約前にチェックする
- 再委託を認める場合、必要な項目を契約に含めるようにする
- 期間満了時や契約解除時の制限事項も契約に盛り込むようにする

外部業者の利用：
⑤委託後の管理者の仕事

ネットワーク管理を外部業者へ委託したあと、ネットワーク管理者は業者の
作業状況を常に把握するようにします。そして、人的状況を前もって把握し、
外部業者をコントロールします。

● 外部業者の作業状況の把握

　ネットワーク管理者は、外部業者の作業状況を常に把握しておく必要があ
りますが、すべての事項を同じ優先度で扱うべきではありません。機密情報
の取り扱いを最優先にし、できるだけ多頻度で外部業者に確認します。その
際、以下のような「委託契約に関する機密保持条項」を契約に付け加えてお
き、的確に実行できるようにして、外部業者の遵守レベルをチェックすると
よいでしょう。

委託契約に関する機密保持条項の例

☐ 外部業者は、ネットワーク管理者に対して、機密情報の具体的な管理の
　状況を毎月月末に報告する

☐ 外部業者の事業所における機密情報の管理状況を確認するために、ネッ
　トワーク管理者が立入検査を希望する場合、外部業者は当該検査に協力
　する

☐ ネットワーク管理者は、外部業者に対して是正措置を求めることができ、
　外部業者はこれを実施するものとする

☐ 外部業者は、定期的に機密情報取り扱い業務の内部点検を実施する

☐ 外部業者は、最新の従事者を「従事者台帳」で管理する

☐ 外部業者がネットワーク管理者から機密情報を受領した場合は、「機密情
　報管理台帳」に記録する

☐ 外部業者が持ち出しで利用した機密情報は、正しく消去されているか、
　責任者またはネットワーク管理者が確認し、「機密情報管理台帳」に記録
　する

□ 外部業者は、機密情報を取り扱う情報システムを格納するサーバー室への入退室やサーバーへの作業の記録を保存し、事故が発生した際には、あとからトレースできるようにする

● 外部業者の人的状況の把握とコントロール

ネットワーク管理者は、外部業者の人事異動や担当者の退職についても把握しておく必要があります。なかでも、機密情報を扱う業務を行っていた外部業者の担当者には、その人が保有していた機密情報の廃棄や消去に関して即時の報告を求めるようにします。

また、外部業者のコントロールは、障害発生のリスクを予防するという観点で実施するべきです。たとえば、データのバックアップについては、以下の事項を実施するように外部業者に依頼します。

バックアップの依頼事項の例

□ バックアップのルールを定め、定期的に実施し、報告書に記録する
□ 機密情報を扱う情報システムのバックアップメディアは、機密区分（機密の重要度の区分）に応じた管理を行う

● 最新技術やリスクの発生状況の把握

ITやネットワークの進化は早く、新しい製品やサービス、手法、ガイドラインなどが次々と登場しています。これらを可能な限り把握するとともに、マルウェアなどが引き起こす世界的なリスクの発生状況を専門機関から入手し、外部業者と連携して対処するように心がけましょう。

まとめ

- 機密情報の取り扱い状況の把握を最優先にし、多頻度で確認する
- 担当者の異動や退職はすばやく把握し、リスクを予防する
- 最新技術やマルウェアなどの情報を外部業者と共有する

ネットワーク管理で役立つコマンド

> Windowsのコマンドプロンプトから実行可能なコマンドのうち、ネットワーク管理で役立つコマンドの一例を紹介します。画面や実行例はWindows 10 Anniversary Update（RS1, 14393）の場合のものです。

● コマンドプロンプトの表示

　コマンドプロンプトを表示するには、スタートボタンを右クリックし、表示されたメニューから［コマンドプロンプト（管理者)］を選択します。［ユーザーアカウント制御］ダイアログボックスが表示されたら、［はい］をクリックすると、［管理者：コマンドプロンプト］ウィンドウが表示されます。ここにコマンドを入力します。

■ コマンドプロンプトの表示

スタートボタンを右クリックし、［コマンドプロンプト（管理者)］を選択する

［管理者：コマンドプロンプト］ウィンドウにコマンドを入力する

● systeminfoコマンド

　ネットワークにつながらないときなどに、最初にパソコンの状況を把握するために使用するコマンドです。「systeminfo」はシステム・インフォメーションの略で「パソコン特有のプロパティと構成を表示する」のが目的です。

実行例

C:¥WINDOWS¥system32>systeminfo ←

ホスト名:	PC1
OS名:	Microsoft Windows 10 Home
OSバージョン:	10.0.14393 N/A ビルド 14393
OS製造元:	Microsoft Corporation

   （中略）

ネットワーク カード:	4 NIC(s)インストール済みです。
	[01]: Realtek PCIe GBE Family Controller
接続名:	ローカル エリア接続
DHCP が有効:	いいえ
IPアドレス	[01]: 192.168.11.203
	[02]: fe80::cc19:4401:a4b5:2591

   （以下略）

活用法：ネットワークにつながらない場合

　まず「ネットワークカード」をチェックします。「ローカルエリア接続」か「ワイヤレスネットワーク接続」があるか（148ページ参照）、DHCPやIPアドレスが設定したとおりに表示されているかを確認します。外部業者に確認する場合は、OSのバージョンもチェックしておきましょう。

● ipconfig コマンド

　IPアドレスなど、IP（インターネットプロトコル）に関する設定情報を表示するコマンドです。systeminfoコマンドでは表示されないサブネットマスクやデフォルトゲートウェイの設定を確認できます。また、DHCPサーバーやDNSの状態も操作できます。

実行例

C:¥WINDOWS¥system32>ipconfig ←

Windows IP 構成

イーサネット アダプター ローカル エリア接続:

接続固有のDNSサフィックス .....:

リンクローカル IPv6 アドレス ..... : fe80::a4b5:2591%7
IPv4 アドレス .... : 192.168.11.203
サブネット マスク .... : 255.255.255.0
デフォルト ゲートウェイ .... : 192.168.11.1
　（以下略）

活用法：もっと詳しい情報が知りたい場合

ipconfigの後ろにスペースを空けて、「/all」を指定して実行します。リース情報（DHCPを利用している場合のアドレス受け入れ情報）やDNS情報なども表示されます。

活用法：DHCPサーバーの設定が反映されていない場合

ipconfigの後ろにスペースを空けて、「/renew」を指定して実行します。すべてのネットワークアダプタが最新の情報に更新されます。

● pingコマンド

データの送受信を確認できるコマンドです。指定されたホストにping（32バイトのデータ）を4回送り、所要時間（速度）や平均値も確認できます。

以下はTwitterを例にして、所要時間を測定した結果です。110±2ミリ秒で安定した通信ができていることがわかります。

実行例

C:¥WINDOWS¥system32>ping twitter.com ←

twitter.com [104.244.42.1]に ping を送信しています 32バイトのデータ：

104.244.42.1 からの応答: バイト数＝32時間＝112ms TTL＝53

104.244.42.1 からの応答: バイト数＝32時間＝111ms TTL＝53

104.244.42.1 からの応答: バイト数＝32時間＝110ms TTL＝53

104.244.42.1 からの応答: バイト数＝32時間＝110ms TTL＝53

104.244.42.1 の ping 統計：

パケット数:　　　　　　　送信＝4、受信＝4、損失＝0（0% の損失）、

ラウンド トリップの概算時間（ミリ秒）:

　　　　　　　　　　最小 ＝ 110ms、最大 ＝ 112ms、平均 ＝ 110ms

活用法：ネットワーク機器に接続できない場合

　まず、送信元のパソコンからpingが発行できているかを確認するために、「localhost」を指定して自分宛に実行します。以下の例では、常に1ミリ秒未満で安定して通信できているので、送信元のパソコンには問題がないことがわかります。

C:¥WINDOWS¥system32>ping localhost ←

::1 にpingを送信しています 32バイトのデータ：

::1 からの応答: 時間 <1ms

::1 からの応答: 時間 <1ms

::1 からの応答: 時間 <1ms

::1 からの応答: 時間 <1ms

::1 のping統計：

パケット数：　　送信＝4、受信＝4、損失＝0（0％の損失）、

ラウンドトリップの概算時間（ミリ秒）：

　　　　　　　　最小＝0ms、最大＝0ms、平均＝0ms

　続いて、調査対象のネットワーク機器のIPアドレスを指定して実行します。ファイアウォールでpingのパケットを遮断していない環境で、以下のように「宛先ホストに到達できません。」と表示された場合は、対象の機器のほか、経路上のハブやケーブルに問題があると考えられます。

C:¥WINDOWS¥system32>ping 192.168.8.245 ←

192.168.8.245にpingを送信しています 32バイトのデータ：

　（中略）

192.168.8.1 からの応答: 宛先ホストに到達できません。

　（以下略）

● tracert コマンド

　送信先へのルートをトレース（追跡）して表示するコマンドです。pingを応用したシミュレーションで、送信先がインターネット上の場合などは、実際のルートと異なったり、返答が得られなったりすることがあります。

以下の例は、プロバイダー「@nifty」のWebサーバーまでのルートのトレースです。途中にあるルーターなどのアドレスと所要時間（3回分）が表示されます。トレースを中止するには、ctrl + C キーを押します。

実行例

C:¥WINDOWS¥system32>tracert www.nifty.com ←

www.nifty.com [222.158.213.147] へのルートをトレースしています

経由するホップ数は最大30です：

1	1ms	1ms	1ms	DNS1 [192.168.11.1]
2	5ms	5ms	4ms	133.160.152.176
3	5ms	9ms	5ms	133.160.152.190
（中略）				
10	17ms	16ms	16ms	133.160.191.130
11	17ms	20ms	16ms	222.158.213.147

トレースを完了しました。

活用法：インターネットへの通信が不安定な場合

　社内のパソコンからブロードバンドルーターなどを指定してコマンドを実行します。（返答する設定になっているのに）返答がなかったり、時間がかかっているルーターやゲートウェイがあれば、その詳細を調査し、必要ならば機器の交換などをします。以下は返答がない場合の例です。

C:¥WINDOWS¥system32>tracert 133.160.152.176 ←

133.160.152.176へのルートをトレースしています。経由するホップ数は最大30です

| 1 | 1ms | 1ms | 1ms | DNS1 [192.168.11.1] |
| 2 | * | * | * | 要求がタイムアウトしました。 |

● nslookupコマンド

　DNSサーバーに接続して、対話的にアドレス変換を行うコマンドです。サーバーのURLを指定すると、DNSサーバーに問い合わせてIPアドレスなどが表示されます。

C:¥WINDOWS¥system32>nslookup www.nhk.or.jp ←

サーバー:　DNS1

Address:　192.168.11.1

権限のない回答:

名前:　　　e5163.g.akamaiedge.net

Address:　23.10.35.228

Aliases:　www.nhk.or.jp　www.nhk.or.jp.edgekey.net

活用法：社内DNSサーバーの動作が不安定な場合

　「-」とDNSサーバーのアドレスを指定してコマンドを実行すると、規定のサーバーではなく指定したサーバーに問い合わせが実行されます。2秒以内に返答がないとタイムアウトが表示され、動作不良と判断できます。なお、通信が失敗するとコマンド待ちになるので、「quit」を入力して終了します。

C:¥WINDOWS¥system32>nslookup - 192.168.11.2 ←

DNS request timeout.

timeout was 2 seconds.

規定のサーバー:　Unknown

Address:　　　　192.168.11.2

> quit

● getmac コマンド

　ネットワークアダプタのMACアドレスを表示するコマンドです。無線LANアクセスポイントのフィルタリングを設定する場合などに使用します。「/v」を付けると詳細な情報が得られます（アドレス表示のみなら不要）。

C:¥WINDOWS¥system32>getmac ←

物理アドレス　トランスポート名

====== ===

00-50-56-C0-00-01 ¥Device¥Tcpip_{7B4B0393-0D8F-40F5-BACE-BDC194…

00-1B-D3-DF-67-89 ¥Device¥Tcpip_{A96100E0-E904-462E-8C71-C6DACF…

00-23-15-5E-31-20　メディアが切断されています

00-1D-E1-38-FD-76　メディアが切断されています

● telnetコマンド

　手元のパソコンから、サーバーやネットワーク機器を遠隔操作する際に使用するコマンドです。実行するには、コントロールパネルで有効にする必要があります。コントロールパネルの［プログラム］→［プログラムと機能］を選択し、［プログラムと機能］ウィンドウが表示されたら、［Windowsの機能の有効化または無効化］をクリックします。［Windowsの機能］ダイアログボックスが表示されたら、［Telnetクライアント］にチェックを付けます。

■ 機能の有効化

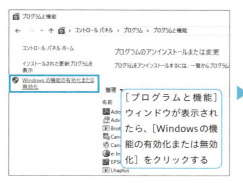

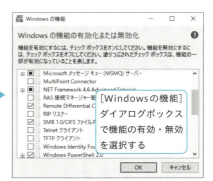

　telnetコマンドは、ブロードバンドルーターなどに対する接続の要求で、接続が成功した場合の動作は接続先に依存します。たとえば、ブロードバンドルーターであれば、ログインして各種の管理や設定をします。

C:¥WINDOWS¥system32>telnet 192.168.11.119 ←

● tftpコマンド

　パソコンと、スイッチやルーターが、ファイルを送受信する場合などに使用する簡易ファイル転送コマンドです。実行するには、上記の手順で［TFTPクライアント］を有効にしておく必要があります。「GET」を指定するとファイルの送信、「PUT」を指定するとファイルの受信を行います。

　以下は、ルーター 192.168.11.120にあるログファイル 001.logを受信し、c:¥temp フォルダーに格納する例です。

実行例

C:¥WINDOWS¥system32>tftp 192.168.11.120 GET 001.log c:¥temp¥001.log ←
転送を正常に完了しました: 1 秒間に 1984 バイト、1984 バイト/秒

● openfilesコマンド

　リモートユーザーによって開かれている共有ファイルを表示するコマンドです。メンテナンスのためにサーバーをシャットダウンする前に、利用中のユーザーがいないかを確かめる場合などに使います。

実行例

C:¥WINDOWS¥system32>openfiles ←
　　（中略）
ローカルの共有ポイントをとおしてリモートで開いているファイル:

ID アクセス 種類 開いているファイル

== ======= ===== =============================

243 user1 Windows C:¥wintool¥

247 user1 Windows C:¥wintool¥GV¥

249 user1 Windows C:¥wintool¥GV¥GV.txt

■ 著者略歴

程田 和義（ほどた かずよし）

情報機器メーカーの技術営業を経て、海外のソフトウェア会社の日本法人設立に参加。人工知能や製造業向け業務システムの構築、オープンソースを活用したインターネット事業開発に取り組む。現在、Gennai3株式会社の代表として、中小企業の情報化とインターネット事業を支援している。

編集・DTP ●エディポック
執筆協力●平野 正喜（ランドッグ・オーグ）
カバーデザイン●菊池 祐（ライラック）
本文デザイン●トップスタジオ デザイン室（轟木 亜紀子）
担当●田村 佳則（技術評論社）

■ お問い合わせについて

本書の内容に関するご質問は、下記の宛先までFAXまたは書面にてお送りいただくか、弊社Webサイトの質問フォームよりお送りください。お電話によるご質問、および本書に記載されている内容以外のご質問には、一切お答えできません。あらかじめご了承ください。

〒 162-0846　東京都新宿区市谷左内町 21-13
株式会社技術評論社　書籍編集部
「新人 IT 担当者のための ネットワーク管理＆運用がわかる本」質問係
FAX：03-3513-6167
技術評論社 Web サイト：http://book.gihyo.jp/

なお、ご質問の際に記載いただいた個人情報は質問の返答以外の目的には使用いたしません。また、質問の返答後は速やかに破棄させていただきます。

新人 IT 担当者のための
ネットワーク管理＆運用がわかる本

2016 年 10 月 25 日　初版　第 1 刷　発行

著　者　　程田　和義
発行者　　片岡　巌
発行所　　株式会社技術評論社
　　　　　東京都新宿区市谷左内町 21-13
　　　　　電話　03-3513-6150　販売促進部
　　　　　　　　03-3513-6160　書籍編集部
印刷/製本　日経印刷株式会社

定価はカバーに表示してあります。

造本には細心の注意を払っておりますが、万一、落丁（ページの抜け）や乱丁（ページの乱れ）がございましたら、弊社販売促進部へお送りください。送料弊社負担でお取り替えいたします。

ISBN978-4-7741-8370-1 C3055
Printed in Japan